Die Dachdeckerarbeiten

Ein Nachschlage- und Kalkulationsbuch für das gesamte Baugewerbe

Von

Johann Meyer

geprüfter Dachdeckermeister in Wien, gerichtl. beeid. Sachverständiger und Schätzmeister, Fachlehrer an der gewerblichen Fortbildungsschule für Dachdecker in Wien

Zweite, vollständig neu bearbeitete und veränderte Auflage

Mit 38 Abbildungen und 44 Tabellen im Text

Springer-Verlag Wien GmbH
1928

ISBN 978-3-662-31432-6 ISBN 978-3-662-31639-9 (eBook)
DOI 10.1007/978-3-662-31639-9

Manzsche Buchdruckerei, Wien IX

Vorwort

Das vorliegende Buch behandelt alle Dachdeckungsarbeiten und ist so gehalten, daß es nicht nur den Dachdeckern, sondern auch allen übrigen Baugewerbetreibenden, ja selbst Fernerstehenden (Hausverwaltern usw.) ein wertvoller praktischer Führer ist. Außer allen technischen Arbeiten, bei denen ich mich soweit als möglich an die deutsche Normung gehalten habe, bringt das Buch auch Analysen, Materialkunde, Stückzahltabellen, Lattungseinteilungen, Material- und Arbeitsaufwand, kurz alles, was zur Durchführung und Berechnung der zeitgemäßen Dachdeckerarbeiten erforderlich ist.

Ich hoffe, mit diesem Buch eine empfindliche Lücke unter den Handbüchern des Baufachmannes auszufüllen und nehme Wünsche und Anregungen für Ergänzungen und Verbesserungen für spätere Auflagen gerne entgegen.

Herrn Ing. Arnold Ilkow sowie Herrn Oberbuchhalter Johann Frühauf sage ich an dieser Stelle für die Unterstützung meiner Arbeit herzlichen Dank.

Wien, Januar 1928.

Der Verfasser

Inhaltsverzeichnis

Tabellenverzeichnis

Die Arbeiten des Dachdeckers

Einleitung

Das Wichtigste bei einem Hausbau ist nächst den Fundamenten unzweifelhaft das Dach, denn es dient nicht nur zum Schutz, sondern stellt auch die Krönung des Hauses dar. Jeder Bauherr sollte sich daher vor Augen halten, daß es das zweckentsprechendste und rationellste ist, hiezu nur das beste Material zu verwenden. Aus demselben Grunde ist es Pflicht jedes ordentlichen Dachdeckermeisters, sich nicht immer widerspruchslos zur Verarbeitung jeden Materiales herzugeben, weil dasselbe etwas billiger zu stehen kommt, denn den Schaden hat nicht nur der Bauherr, sondern auch der Dachdecker, der die Arbeit ausführt, weil der Bauherr hernach mit Recht behaupten wird, als Fachmann hätte der Dachdeckermeister wissen müssen, ob das Material dem Zweck entsprechend war oder nicht.

Jeder Dachdeckermeister soll daher trachten, solchen Einfluß bei seinem Bauherrn zu erlangen, daß ein inniges Zusammenarbeiten schon bei der Auswahl des zu verarbeitenden Materiales entsteht, damit die Qualität der Ausführung nicht leidet. Für steile Dächer wird sich leichter jedes Material verwenden lassen als für solche mit geringerer Neigung, bei welchen die Oberfläche des Materials viel glatter sein muß, um ein rascheres Abfließen des Wassers zu erzielen.

Von den zwei Arten von Deckungen:

1. Weiche Bedachungen (leicht brennbare),
2. harte Bedachungen (feuersichere),

ist nur die zweite für den Dachdecker von Interesse, daher wird im folgenden auch nur diese besprochen.

Zu den harten oder feuersicheren Bedachungen gehören die Deckungen mit allen Arten von Dachziegeln (Strang-, Preß- und Doppelfalz-, Hohl-, Mönch- und Nonnenziegel, Zementplatten), Natur- und Kunstschiefer, Holzzement, Preßkies und Dachpappe.

Für Flächen, welche nicht leicht abgedeckt werden können, wie runde Kuppeln, gebogene Mansarden, Erker, sind meist nur ganz kleine Formate von Schiefer oder Biberschwänzen zu verwenden.

Das größte Augenmerk beim Bedachungsmaterial ist immer auf dessen Dichtigkeit zu verwenden, da es besonders bei Dachziegeln sehr häufig vorkommt, daß sie im neuen Zustand wasserdurchlässig sind. Wenn dies in einer nicht gerade übermäßigen Weise der Fall ist, so verschwindet diese Erscheinung in einiger Zeit von selbst, da sich die Poren mit der Zeit durch Staub und Ruß verlegen. Es kann diesem Übelstand aber auch durch künstliche Mittel abgeholfen werden, indem man solche Ziegel mit einer dünnflüssigen Imprägnierungsmasse überstreicht.

I. Das Ziegeldach

1. Gewöhnliche Dachziegel, Flach-, Segmentziegel, Biberschwänze.
2. Hohlziegel (Harken und Preißen), Mönch- und Nonnen-, Pfannenziegel.
3. Strangfalz-, Preßfalz-, Doppelfalz- und Zementfalzziegel.

A. Die Flachziegeldeckung

Zu den Flachziegeln gehören die verschiedenen Formen von Biber schwanzziegeln (in Halbkreis- und Segmentform), facettiert oder gerade abgeschnitten, von welchen die kleineren Formate Schuppenziegel genannt werden, die Rechteckziegel (Wiener Format), auch Taschenziegel oder Dachplatten genannt, die gotische Form (Fünfeckziegel) usw.

Gute Flachziegel müssen leicht, wetterbeständig, vollkommen eben, frei von Feuerrissen, hellklingend, möglichst gleichfarbig sein. Die Güte erkennt man an hellem Klang, geringem Wasseraufsaugungsvermögen und einer von Sprüngen und Haarrissen freien Oberfläche.

Die Entfernung der Dachsparren voneinander darf bei schweren Ziegeldächern nur zwischen 0,90 bis 1,25 m wechseln.

Die zirka 4 × 6 cm starken Latten erhalten eine Länge von 6 bis 7,50 m. Die unmittelbar am Firste liegende Latte wird nur höchstens 5 cm von der Kante entfernt, bzw., wenn ein Polsterholz zur Befestigung der Hohlziegel angebracht wird, knapp an demselben befestigt, damit die den First abschließenden Hohlziegel die letzten Scharen Flachziegel so weit als möglich übergreifen.

Man unterscheidet hauptsächlich dreierlei Eindeckungsarten mit Flachziegeln, und zwar: I. Das Spließdach; II. das Doppeldach; III. das Kronen bzw. Ritterdach.

1. Das Spließdach

Dasselbe verlangt eine Dachneigung von 35 bis 45°, eine Sparrenweite von 110 bis 125 cm.

Die Eindeckung kann mit jeder Flachziegelgröße und Form geschehen.

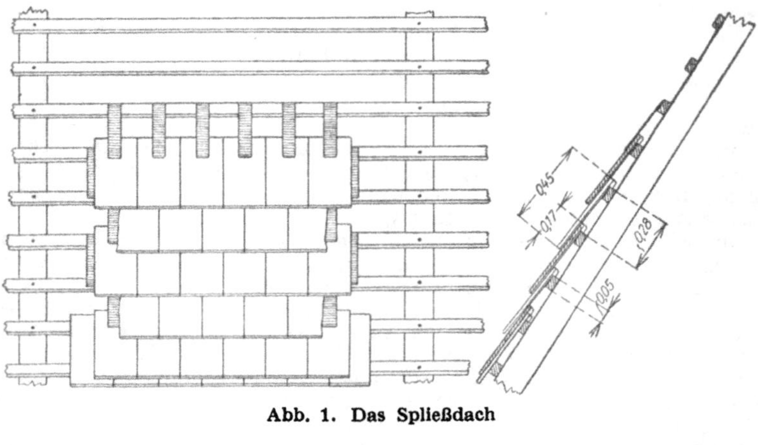

Abb. 1. Das Spließdach

Das Maß der Überdeckung soll mindestens 12 cm, jedoch nicht mehr als die halbe Länge der Ziegel betragen. Bei einer Dachneigung unter 45° soll der Übergriff mindestens 15 cm sein.

Bei Dachziegeln normaler Größe von 45 × 21 cm würde die Latteneilung bei einer Eindeckung von 12 bis 22 cm Übergriff 23 bis 33 cm betragen, wovon jedoch meistens 26 cm als Regel gelten.

Mit Ausnahme der untersten und der obersten Reihe, die eine Doppelschar Dachziegel tragen, trägt jede Latte nur eine Schar.

Die Spließen, die eine Länge gleich der Ziegellänge und eine Breite von 5 bis 6 cm haben, können aus Holz, Blech oder Pappe bestehen und werden unter die Stoßfugen geschoben.

Diese Art der Deckung ist jedoch selbst bei der sorgfältigsten Ausführung niemals ganz dicht, weshalb sie bei besseren Bauten (wie Wohnhäusern) nicht angewendet wird. Siehe Abb. 1.

2. Das Doppeldach

Diese Deckung ist ebenfalls mit jedem Flachziegel durchführbar.

Die Dachneigung soll möglichst 45°, nicht aber weniger als 28°, betragen. Sparrenweite 90 bis 110 cm von Mittel zu Mittel, bei genügender Versteifung, je nach der Sparrenlänge, da dieses Dach sehr schwer ist. Die Übergreifung soll mindestens 5 bis 7 cm betragen.

Die Lattenteilung (Weite) ergibt sich nach Abzug der verlangten Übergreifung aus der Hälfte des übrigbleibenden Längenmaßes der zur

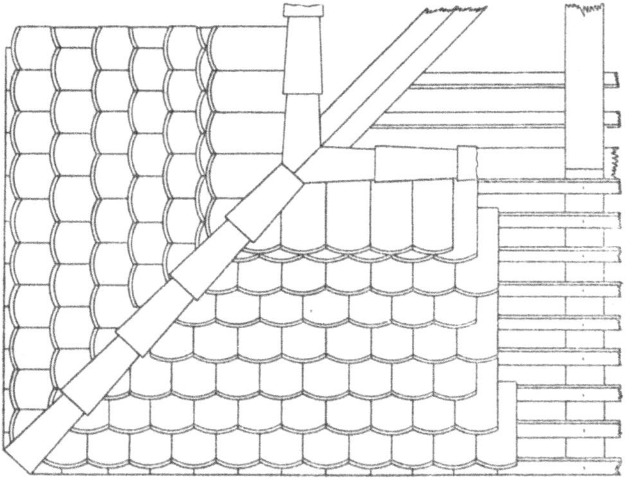

Abb. 2. Das Doppeldach

Verwendung gelangenden Ziegel, z. B. bei Normalziegel von 45 cm Länge, bei einer Überdeckung von 7 cm . 45 cm ab 7 cm — 38 cm, daher zur Hälfte 19 cm Lattenteilung.

Die Ausführung kann verschieden sein, je nachdem jeder Ziegel ganz in Mörtel oder das Dach nur an den Rändern (Fuß, First, Ort, Ichsen und Fenstersäumen) auf zwei Ziegel breit in Mörtel verlegt wird oder wo auch diese Teile vollkommen trocken verlegt bzw. genagelt werden.

Flächen oder Einfassungen, welche in Mörtel verlegt sind, werden nach den hierorts üblichen Gepflogenheiten mit ihrer vollen inneren Fläche in Mörtel eingebettet (eingerieben), wobei darauf zu achten ist, daß der Mörtel an den Stoßfugen beim Anstoß richtig austritt (ausspeit), um keine leeren Räume (sogenannte Schwell-Larsen) zu erhalten, weil dort immer das Wasser eindringen würde.

Der Hoch- und Querschlag (Ritzen) kommt bei uns selten zur Anwendung.

Die trocken eingehängten Ziegel werden im Dachinnern mit extrafeinem, etwas fetterem Mörtel, welchem Kälberhaare beigemengt sind, an ihren Fugen verstrichen (Innenverstrich).

Die neuere, jetzt gebräuchlichere Deckungsart, wo außen am ganzen Dach kein Mörtel zur Verwendung kommt, erfordert Ziegel, die schon vom Werke gelocht sind oder vom Dachdecker gelocht werden müssen, eine Arbeit, die am besten mittels eines Bohrers vorgenommen werden soll,

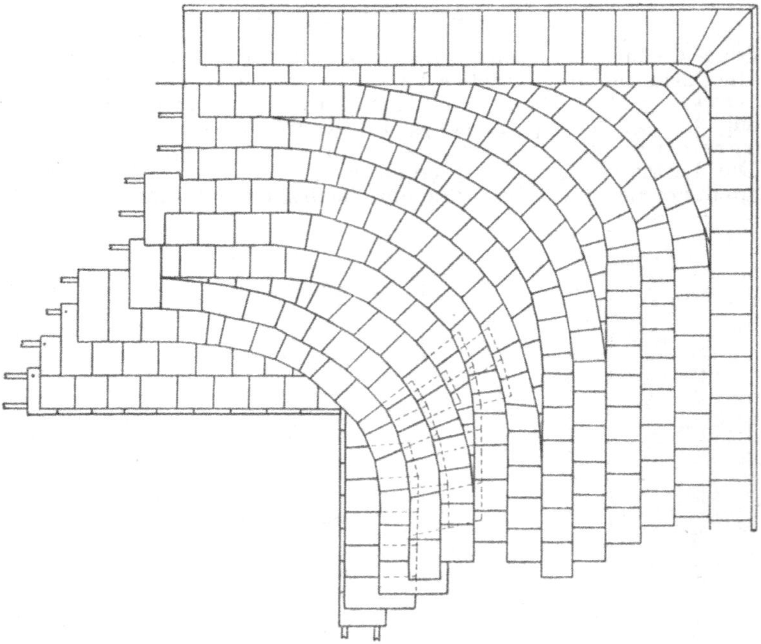

Abb. 3. Böhmische Kehlendeckung eines Doppeldaches

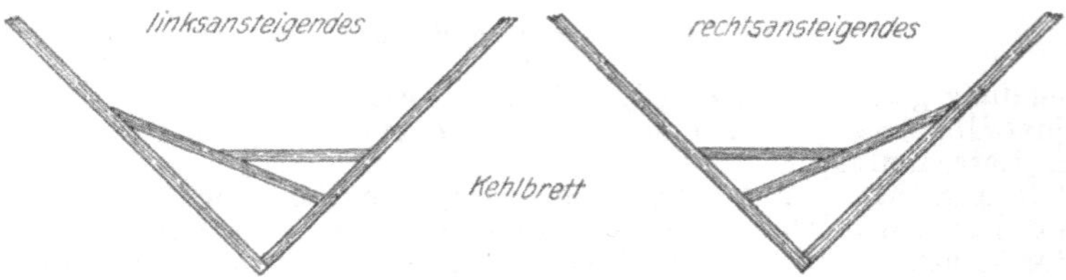

Abb. 4. Kehlbretter für böhmische Kehlendeckung

da das seitliche Einpecken mehr Material und Zeit erfordert und der Ziegel auch schwerer befestigt werden kann.

Meist werden nur die Ränder auf zwei Ziegelbreiten genagelt, doch kann auch vorgeschrieben werden, daß ganze Flächen genagelt werden.

Ichsen (Kehlen), welche nur von wirklich guten Dachdeckern ausgedeckt werden können, sind vorerst mit einem sogenannten Kehlbrett zu versehen, welches die schärfste Einbuchtung in den beiden Flächen etwas vermindert, hernach auszumitteln und vom Mittel nach links und rechts wegzudecken, so daß in jeder Schar mindestens drei bis fünf Dachziegel, ohne behauen zu werden, ohne zu stürzen (gaffen) oder zu reiten, die ganze Länge hinauf zu liegen kommen. Die Scharen sind so einzuteilen, daß sie bald links und bald rechts unter der anderen Dachfläche einschwärmen. Siehe Abb. 2–5.

Der Patent-Anker-Dachziegel

Unter allen Ziegeleindeckungsarten, die im Gebrauche sind, ist das doppelt gedeckte Biberschwanzdach das relativ billigste und beste Dach. Nur in Gegenden, wo sehr starke Stürme die Regel bilden, konnte sich das Biberschwanzdach, da es meist nur gehängt wird, nicht einbürgern; daran änderte auch eine Nagelung aus dem Grunde nichts, weil der Wind bei dem langen Hebelarm der gewöhnlichen Biberschwanzformate (20/40 cm), welcher meist 33 bis 35 cm beträgt, die Ziegel zu stark in Bewegung setzt und ein Ausreißen der Nagellöcher verursacht.

Diesen Übelstand hat man durch verschiedene Hilfsmittel (wie Drahtklammern, Blechklammern usw.) sowie durch Mörtellegung zu beheben versucht. Sie haben jedoch alle nur die Arbeit vermehrt und dadurch die Kosten der Eindeckung erhöht, ohne einen dauernd günstigen Erfolg zu bieten.

Der Herrschafts- und Ziegelwerksbesitzer Franz Kandler in Lannach (Steiermark) suchte diesem Übelstand durch die Patent-Ankerdachziegel (österr. Patent Nr. 50216 und D. R.-G. Nr. 243093) abzuhelfen.

Der Patent-Ankerdachziegel hat eine dem gewöhnlichen Biberschwanzziegel ähnliche Form, nur sind die beiden seitlichen Kanten von oben nach unten abgeschrägt, so daß zwischen zwei nebeneinanderliegenden Ziegeln eine nach unten breiter werdende Nut entsteht. In diese Nut wird bei der Eindeckung die in der Mitte jedes Ziegels gegenüber der normalen (zum Hängen bestimmten) Nase befindliche schwalbenschwanzförmige Nase eingeschoben, wodurch eine kompakte ziegelgedeckte Fläche erzielt wird, da bei dieser Art der Eindeckung der Sturm überhaupt keinen Hebelarm vorfindet und daher keinen einzigen Ziegel heben kann.

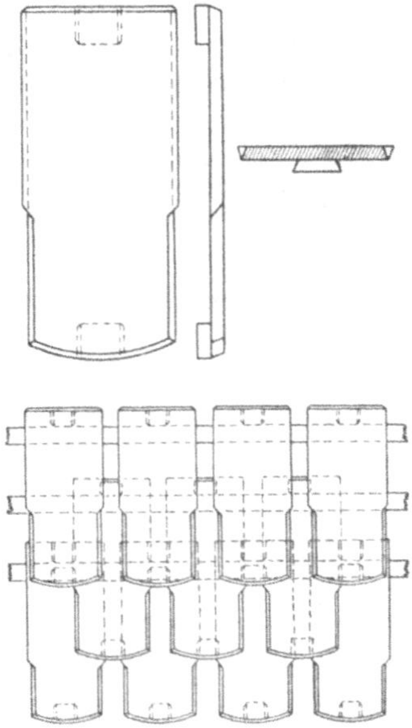

Abb. 5. Das Ankerdach (Eine Spezialart des Doppeldaches)

Die abgeschrägten Seitenkanten der Ziegel sind vorn am unteren Teil des Ziegels, soweit derselbe in der Eindeckung von außen sichtbar bleibt, ausgeschnitten, so daß durch Herunterschieben einzelner Ziegel in der Längsrichtung um die Länge der Ankernase die Verankerung aufgehoben und die schadhaften Ziegel leicht ausgewechselt werden können.

Die oben dargestellte Abbildung gibt ein Bild dieser Patent-Ankerdachziegel im Querschnitt, Längsschnitt und Draufsicht, ferner die Ansicht einiger Scharen einer solchen Eindeckung.

Das Aussehen einer Patent-Ankerdachziegeldeckung ist bei richtiger und sorgfältiger Ausführung ein schönes; eine solche Eindeckung unterliegt selten einer Reparatur, da die originelle Art der Eindeckung nur fehlerloses und gutes Material, wie das aus den Lannacher Werken zuläßt und eine genaue Eindeckung erfordert.

Die Eindeckung ist nur von einer Seite aus zu beginnen und hat von unten nach oben zu geschehen; der Fußsaum wird mit speziellen Traufziegeln, der Firstsaum mit Abschlußziegeln gedeckt.

Die Einlattung ist wie bei gewöhnlichen Biberschwanzziegeln vorzunehmen.

Um vollkommen luft- und staubsicheren Abschluß der Eindeckung zu erzielen, kann der im Dachinnern ersichtliche Zwischenraum zwischen zwei Ziegeln, durch Verstreichen mit Mörtel abgeschlossen werden.

Ein bei der Kalkulation stark ins Gewicht fallender Faktor liegt bei den Patent-Ankerdachziegeln darin, daß für diese Eindeckung weniger Ziegel benötigt werden, als für jene mit gewöhnlichen Biberschwanzziegeln.

Es erfordern Doppeldeckung

	mit Patent-Ankerdachziegeln	mit gew. Biberschwanzziegeln
bei 8 cm Übergreifung per m²	Stk. 27,77	Stk. 31,25
„ 5 „ „ „ „	„ 25,38	„ 28,57

Es sind daher bei 8 cm Übergreifung um 3,48 Stück, d. i. 3½ Ziegel, bei 5 cm Übergreifung um 3,19 Stück, d. i. etwas mehr als 3 Ziegel, bei Eindeckung mit Patent-Ankerdachziegel weniger erforderlich als bei einer Eindeckung mit gewöhnlichen Biberschwanzziegeln desselben Formates.

Außerdem ist zu bedenken, daß bei einer Eindeckung mit Patent-Ankerdachziegel, dort wo mit gewöhnlichen Biberschwanzziegeln eine 8 cm

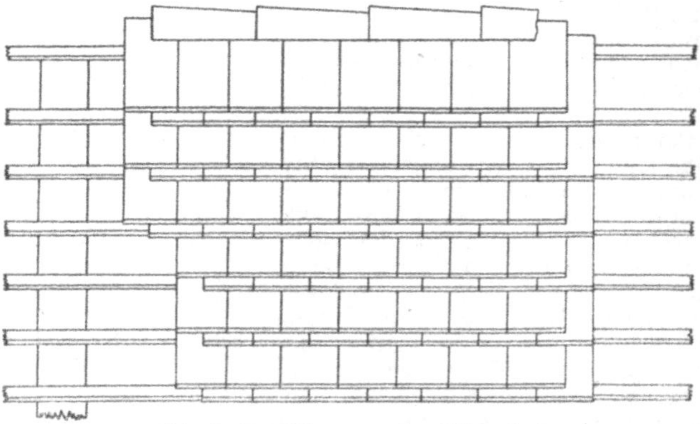

Abb. 6. Das Kronen- oder Ritterdach

Übergreifung nötig ist, infolge seiner Verankerung nur eine solche von 5 cm genügt und daher eigentlich um 6 Stück Dachziegel per Quadratmeter weniger gebraucht werden.

Es ist daher die Bedachung mit Patent-Ankerdachziegeln billiger, sie wird schneller hergestellt, und ist wegen der geringen Ziegelanzahl im Gewichte geringer.

Die Dachziegel aus dem Ziegelwerke Lannach in Steiermark sind von prima Qualität, haben einen hellen, metallischen Klang, geringes Aufsaugungsvermögen, speziell die Patent-Ankerdachziegel sind nur 13 mm stark.

Erwähnen wollen wir noch, daß diese Ziegel bei Staatsbauten, unter anderem in Triest (k. k. Lagerhäuser des neuen Freihafens, zirka 20000 m²) Verwendung fanden und den Borastürmen glänzend standhielten.

3. Das Kronen- oder Ritterdach

Bei diesem Dach trägt jede Latte zwei Scharen Ziegel.

Die Lattenteilung bei diesem Dach soll gleich der Dachziegellänge weniger mindestens 8 cm sein, das entspricht bei einem Ziegel 36 × 18 einer Lattenentfernung von 24 cm. Bei Dachneigung unter 35° sind anstatt 8 cm sogar 10 cm abzuziehen.

Dieses Dach ist etwas schwerer wie das Doppeldach, jedoch bedeutend dichter, läßt sich durch die weitere Lattung leichter ausbessern und kann ansonsten genau so billig wie ein Doppeldach hergestellt werden.

Diese Deckung kann ebenfalls, wie vor beschrieben, in Mörtel oder auch trocken hergestellt werden. Siehe Abb. 6.

B. Die Falzziegeldeckung

4. Strangfalz-, Preß- oder Doppelfalzziegel

Das sind Ziegel, welche an den Rändern Falze und Nuten (Rillen) haben, welche genau ineinander passen, was folgende große Vorteile hat.

a) Dichter Zusammenschluß in den Falzen.

b) Bester Abschluß gegen Regen, Schnee und Staub.

c) Sehr großer Widerstand gegen Sturm bei richtiger Verlegung.

Es ist daher besonders darauf zu achten, daß nur tadelloses Ziegelmaterial verwendet wird. Die Ziegel dürfen weder geworfen, noch verzogen, oder in den Falzen ausgesprengt sein, müssen in diese sehr gut einfallen (passen), dürfen weder zu weit noch zu eng verlegt werden. Bei gewöhnlichen Strangfalzziegeln ist die gewünschte Überdeckung (mindestens 7 cm) abzuziehen, bei den anderen Falzziegelgattungen wird meist schon vom Ziegelwerke aus die verlangte Lattenweite in den Ziegeln an der Innenseite eingebrannt und ist nach diesen Angaben zu verfahren, da sonst die Ziegel niemals passen würden.

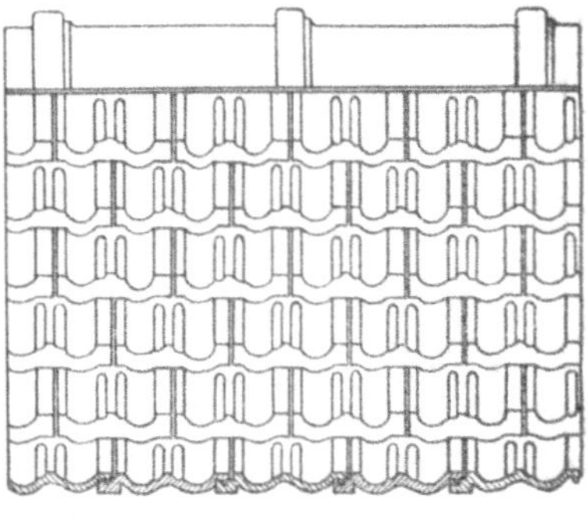

Abb. 7. Das Falzziegeldach (Doppelfalzziegel)

Strangfalzziegel können durchwegs genagelt und außerdem von innen mit ausgeglühtem Draht an den Latten niedergezogen werden.

Preßfalz-, Doppelfalzziegel werden nur von innen mit Draht an den Latten befestigt und zwar wird je nach Auftrag jeder dritte oder vierte Ziegel niedergebunden.

Innenverstrich wie beim Doppeldach. Siehe Abb. 7.

Die Unterdachkonstruktion „Patent Haussen". Diese macht speziell Doppelfalz (Patentfalz-, Preßfalz)ziegel und Strangfalzziegeldeckung vollkommen dicht, sodaß hiebei der innere Mörtelverstrich entfällt.

Sie wird derart ausgeführt, daß vorerst in einer Entfernung von zirka 50 bis 60 cm patentierte Blechstreifen (sogenannte Haussenfedern, zirka 29 bis 31 cm lang) auf der zweiten Latte, von der Traufe beginnend, mit flachköpfigen Nägeln derart befestigt werden, daß sie, von Latte zu Latte reichend, auf der unteren Latte frei aufliegen. Sodann wird die Unterlagsdachpappe in Streifen von zirka $33^1/_3$ cm parallel zur Traufe abgerollt und ebenfalls nur auf der höherliegenden Latte mit flachköpfigen Nägeln angenagelt. Die Haussenfedern haben nur den Zweck, die Dachpappe zu stützen. Nunmehr wird die erste Schar Doppelfalzziegel gehängt und es kommt der obere, mit seiner Unterkante frei aufliegende Dachpappestreifen sowie die Haussenfedern mit ihrem unteren, eingebogenen Ende in den äußeren, oberen Querfalz der Ziegelschar eingebogen zu liegen, worauf die zweite Ziegelschar wieder über den von den Haussenfedern gestützten Dachpappestreifen gehängt, eventuell auch genagelt wird usf. Das bei den Stoßfugen der Ziegel eindringende Wasser wird nun auf diese Weise durch die Pappe wieder auf die untere Ziegelschar nach außen geleitet.

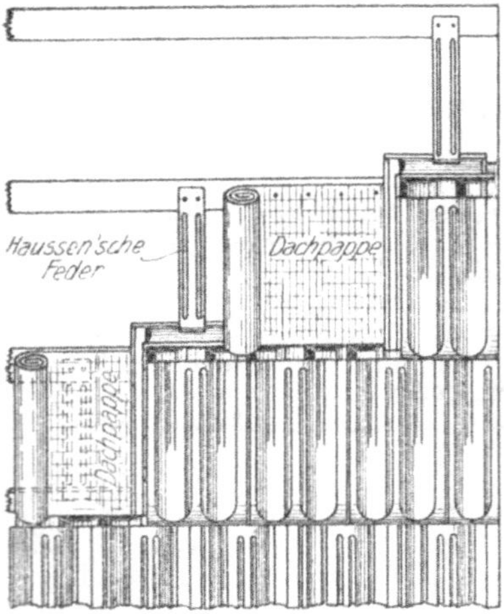

Abb. 8. Die Unterdachkonstruktion „Patent Haussen“

Zur größeren Sicherung gegen Stürme bringt Haussen ebenfalls patentierte Sturmklammern aus Draht zur Anwendung, welche auf die Lattung geschoben den Falzziegel von außen an der unteren Kante festhalten.

Da aber diese Drahtklammer bei vollständiger Nagelung des Ziegels nicht vollkommen knapp auf der Lattung ansitzt, sondern etwas absteht und daher kein unverrückbares Gefüge bildet, empfiehlt es sich, die Sturmklammern außerdem von innen noch mit einem sogenannten Hakennagel (Stukkaturnagel) zu befestigen.

Mit dem Bezuge der für diese Unterdachkonstruktion erforderlichen Blechfedern entweder von dem Erfinder, Sigmund Haussen in Nürnberg oder seinen Vertreter, und der Bezahlung der Lizenzgebühr an ihn oder seinen Vertreter ist auch das Ausführungsrecht dieser gesetzlich geschützten, sehr vorteilhaften Unterdeckung für Falzziegel erworben. Selbstanfertigung von Blechstreifen zu diesem Zwecke wird gerichtlich bestraft.

Die Unterdachkonstruktion „Patent Haussen“ läßt eine Dachneigung von 22° zu.

Abb. 8.

C. Die Hohlziegeldeckung

5. Italienische Deckung

Diese wird heute selten ausgeführt, da sie durch die modernen Formen (Mönch und Nonnen) ersetzt wurde. Sie wird mit konisch verlaufendem First oder Gratziegel (Haken oder Preissen, Skobie) ausgeführt, welche mit den entsprechend notwendigen kleinen Nasen versehen sind.

Die unteren, Nonnen genannt, hängen mit den Nasen an den Latten und fallen mit dem schmalen Ende in das weitere Ende der vorhergehenden Scharen ein. Sie sind durch Auslegung der seitlichen Zwischenräume, entweder mit etwas Mörtel oder mit Ziegelstücken an ihrer Basis festzuhalten. Hernach werden die oberen (Mönche), breites Ende unten, schmales oben, so gelegt, daß durch das genaue Einfallen des weiteren Endes in das schmale der Ziegel seine Hauptstütze findet.

Es ist daher bei Arbeitsbeginn notwendig, die Ziegel nach ihren konischen Verhältnissen zu sortieren und einzuteilen.

Um dieses Dach sturmsicher zu machen, ist es meist notwendig, die Mönche ganz in Mörtel zu verlegen, wodurch das Dach aber ein sehr bedeutendes Gewicht erhält.

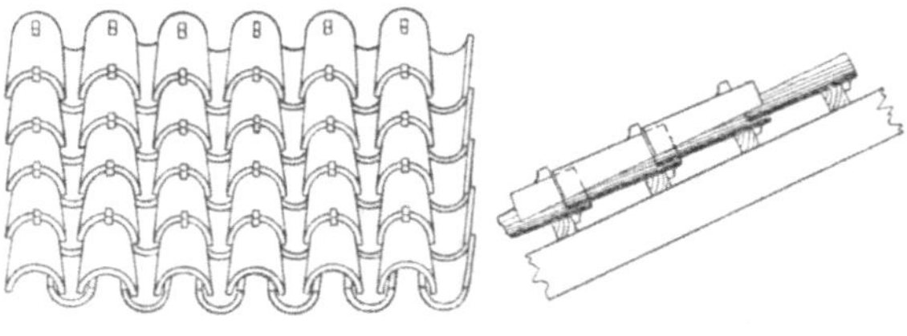

Abb. 9. Die Hohlziegeldeckung (Italienische Deckung)

6. Mönch- und Nonnendach (Klosterdach)

Im Prinzipe gleich ist das Mönch- und Nonnendach, nur sind die einzelnen Ziegel besser durchkonstruiert. Es kommt in neuerer Zeit wieder häufiger zur Anwendung, wo eine kräftige Profilierung gewünscht wird. Die Nonnen sind breiter als die Mönche. Die Lattenlänge beträgt Ziegel-

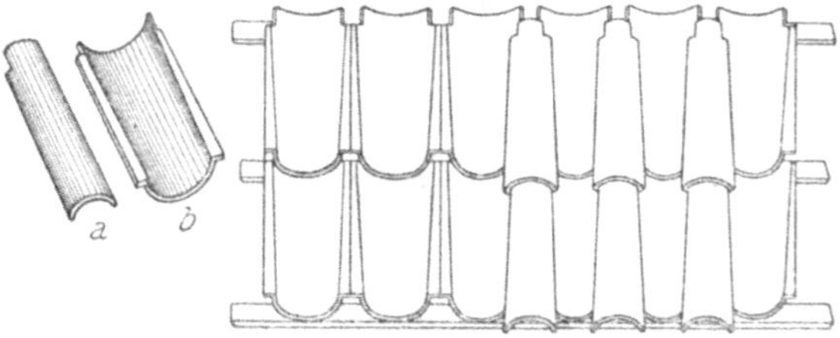

Abb. 10

länge weniger mindestens 8 cm. (Beim Wienerberger Fabrikat 34½ bzw. 20½ cm.) Der Abstand der Nonnen ergibt sich aus der Breite der Mönche und ihrer sachgemäßen Mörtelbettung.

Mönch und Nonne ergeben ein herrliches Dach, welches durch sein Aussehen, der sinnreichen Übergreifung bei tadelloser Lagerung der einzelnen Scharen auf der Unterkonstruktion, leichter Handhabung beim Verlegen, bei nur geringem Mörtelverbrauch und wenig Gewicht, sturm sicher und haltbar ist.

D. 7. Pfannenziegeldeckung

Dies sind jene Ziegel, die im Querschnitt einer rollenden Welle gleichsehen, seit neuerem auch bei uns Eingang gefunden haben und auf einigen Gemeindebauten oder in der Provinz, auch bei kleineren Privatbauten, verwendet wurden.

Die Deckung ist eine sehr hübsche, mit sehr raschem Wasserabfluß, welcher durch die Form des Ziegels (Doppelgefälle) in der Quere und durch die Neigung des Daches in der Längsrichtung herbeigeführt wird.

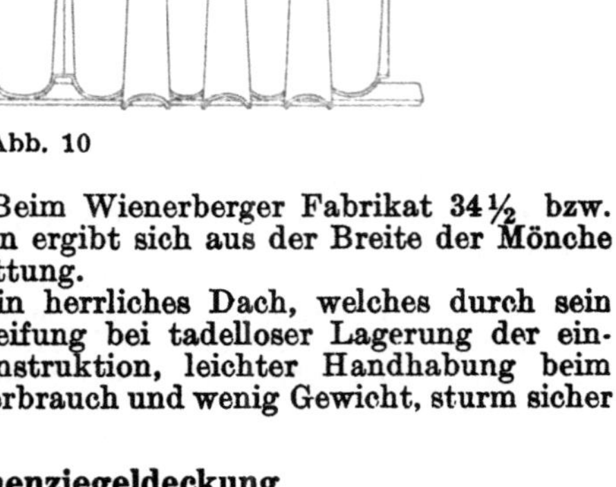

Abb. 11

Die Befestigung ist analog der anderer Ziegelbedachungen vorzunehmen, die Lattungsweite richtet sich ebenfalls nach Größe der verwendeten Ziegel. (Siehe Abb. 11).

8. Das S- und Hohlpfannendach

(*Holländische Pfannen*)

Diese in Holland, Norddeutschland und Belgien seit vielen Jahren verwendete Type, wird in letzter Zeit auch bei uns ausgeführt, insbesondere um größeren Bauten eine wirkungsvolle Bedachung zu geben.

Die holländische Pfanne besitzt an je zwei Seiten Falze, sowohl an der Vorder- als auch an der Rückseite, ferner Anhängenase und Nagelloch.

Die Lattenweite beträgt Pfannenweite weniger höchstens 7 cm. Bei dem Wienerberger Fabrikat mit 40 × 24½ cm beträgt sie 34½ cm. Der Übergriff auf den Nachbarziegel ist sehr gering, so daß 15 Stück auf einen Quadratmeter Dachfläche zu rechnen sind. Sie werden trocken oder mit Innenverstrich verlegt. Statt des Innenverstriches können unter die Ziegel auch Pappstreifen gelegt werden.

II. Das Zementplattendach

Die Deckung mit Zementplatten geschieht analog den vorher besprochenen Ziegelarten, wobei Größen und Fabrikate verschiedener Behandlung unterworfen sind, welche aber jeder Dachdecker ohne weitere Erläuterung sofort treffen wird.

III. Das Schieferdach

A. Naturschiefer

Von den zur Dachdeckung in Betracht kommenden Schiefersorten unterscheiden wir nach Qualität und Dauerhaftigkeit folgende:

Rot englischen Schiefer: Penryhn, prima Qualität;

Carnavon, II. Qualität;

blau englischen Schiefer: Oakeley, Palmerston, prima Qualität, Neugruben, II. Qualität;

deutschen Schiefer: rheinischen, blauen Lehestener, Thüringer, Mayener usw.;

französischen Schiefer: dunkelblauen Angerschiefer, roten Fumayschiefer, blauen und grünen Rimognerschiefer;

mährischen Schiefer (schwarzblau), deutschen Moselschiefer (schwarzblau), böhmischen Schiefer (grün und blaugrün) aus der Eisenbroder Gegend.

Englischer Dachschiefer, entschieden der beste, zeichnet sich durch seine langen gleichmäßigen Fasern aus, läßt sich daher viel leichter spalten und in größeren Platten verwenden als der deutsche Schiefer. Der englische Schiefer kommt in schwächeren und daher auch leichteren Platten vor, wird mit der Anzahl der Jahre immer härter und blättert nicht ab. Seine Farbe ist meist rotviolett oder tiefblau.

Französischer Schiefer ist etwas weicher und lichter in der Farbe, ist elastischer und schmiegt sich daher allen Dachneigungen und Verwendungsarten leichter an.

Dasselbe gilt für sämtliche deutsche Schiefergattungen.

Mährischer Schiefer ist meist sehr stark und spröde, die Plattenstärke daher sehr wechselnd und ist stark verschieden im Gewichte.

Ein guter Dachschiefer muß folgende Eigenschaften besitzen:

Glatte Oberfläche, feines gleichmäßiges Korn, keine Wasseraufnahme und schnelle Ableitung von Wasser, reinen hellen Klang beim Anschlag, nicht gar zu dunkle Farbe, da derartige Schiefer zu viel Kohlenstoff enthalten, Farbenbeständigkeit, leichte Spaltbarkeit in dünnen Platten und die Möglichkeit, die Platte zu durchlochen.

Fehlerhaft sind Dachschiefer, welche zuviel Schwefelkies oder kohlensauren Kalk enthalten; es läßt sich dies am leichtesten feststellen, wenn man solche Schiefer in Salzsäure taucht; Aufbrausen zeigt das Vorhandensein von kohlensaurem Kalk an.

Schwefelkies ist mit freiem Auge an den gelbglänzenden Flecken erkennbar.

Qualitätsware in dieser Beziehung liefern fast alle Schieferbrüche und sind speziell die deutschen Gruben, welche alle gangbaren Sorten erzeugen, von uns stets den anderen ausländischen Werken, mit Rücksicht auf die Transportspesen und Zollsätze vorzuziehen. Alle Deckungen, welche einfach durchgeführt werden sollen, lassen sich mit deutschem Schiefer, vermöge seiner größeren Stärke auch sicherer durchführen als mit englischem oder französischem Schiefer.

Solche Schiefer sind in Waggonladungen am besten aus den Schiefergruben von Obermosel der Gebrüder Rother in Frankfurt a. M., der Schieferbergbau A.-G. in Nuttlar a. d. Ruhr, Westfalen, den Schieferbrüchen bei Lehesten in Sachsen-Meiningen, Lehestener Schiefer von M. J. Helff, G. m. b. H. in Köln usw., zu beziehen.

Schiefereindeckungen werden im Deutschen Reiche fast ausschließlich auf Schalung hergestellt, während bei uns die Ausführung auf Lattung üblicher ist.

Bei verschalten Dächern ist es gleichgültig, welche Größe der verwendete Schiefer hat. Es ist leichter zu arbeiten und die Dächer werden homogener, zumal wenn gleich mit einer Unterlagspappe vorgedeckt wird. Nun ist es aber auch im Reiche üblich, trotz der Verschalung, Latten darüber anzubringen, wenn ein größeres Schieferformat in Anwendung kommt. In diesem Falle werden Latten zuerst vertikal zum Dache befestigt und hernach den Schiefern entsprechend die Lattenteilung, diagonal oder horizontal, darüber verlegt, so daß eindringendes Wasser nicht durch die Latten am Abflusse behindert wird, da die Schiefer hohl liegen.

Bei Einlattungen der Dächer, wie sie bei uns üblich ist, kommt immer ein Innenverstrich wie beim Ziegeldache. Dort wo jedoch Schalbretter zur Verwendung kommen, wolle man sogleich Dachpappe unterlegen, da der Verstrich bei Schalbrettern nicht von Dauer ist.

Die Schalungsbretter sollen nie schwächer als 25 mm und nicht breiter als 16 cm und an den Sparren sehr gut und möglich weit an der Außenkante genagelt sein; Bretter, welche breiter sind und solche, welche oft nur mit einem Nagel in der Mitte befestigt werden, werfen sich sehr leicht und sprengen mitunter sogar die aufgedeckten Schieferplatten ab.

Auch muß darauf gesehen werden, daß alle Bretter oder Latten, die zur Verwendung kommen, gleichmäßig stark sind, da es sonst Sutten oder erhöhte Stellen geben würde, über welche mit Schiefer schwer zu decken ist,

Alle Gattungen Schiefer sind vor ihrer Verarbeitung gründlich zu sortieren, welche Arbeit am besten beim Lochen geschieht.

Die Platten werden so verlegt, daß die stärksten Platten an die Traufe, die schwächsten an den First kommen. Dazwischen ist die Plattenstärke von der Traufe zum First abnehmend zu wählen.

Nagellöcher sind im Schiefer so anzubringen, daß der Kopf des Nagels in dem durch die Lochung entstehenden Trichter der Aussprengung versenkt wird und sind daher Schiefer immer auf ihrer Unterseite, also verkehrt, zu lochen, denn bei Verwendung von Maschinennägeln, wie bei uns üblich (im Deutschen Reiche nicht zulässig), kommt es sonst vor, daß der Nagelkopf mit der Schieferoberfläche nicht in eine Ebene kommt, so daß der darüber liegende Schiefer reitet und bei Begehen des Daches durchgetreten wird.

Schieferdächer sollten so steil gehalten werden, daß ein freies Begehen und Herumsteigen ausgeschlossen ist, denn ein gut gedecktes, von einem Fachmann ausgeführtes Schieferdach wird bei Verwendung von erstklassigem Material jahrzehntelang keiner Reparatur bedürfen; nur durch das so leicht möglich gemachte Herumsteigen auf unseren Dächern und die Unkenntnis der Behandlungsweise der verschiedenen Schiefersorten durch nicht versierte Dachdecker und Laien wurde diese Deckung in den letzten Jahren einigermaßen in Verruf gebracht. Nicht jeder, der einige Zeit beim Dachdeckergewerbe in Verwendung stand, ist schon ein guter Schieferdecker, wenn er auch schon so manches Ziegeldach hergestellt hat. Gerade das Schiefermaterial und dessen Deckung erfordert tüchtige Technik und Kenntnis.

Es trifft dies auch bei der Verarbeitung von Kunstschiefer zu, obwohl zumeist von den Fabriken behauptet und in Broschüren die Anleitung gegeben wird, daß jeder Laie sein Dach selber eindecken kann, wenn er nur das Material nach Angabe verarbeitet.

Als Eindeckungsarten unterscheiden wir:

1. Die altdeutsche Deckung mit Schuppen.
2. Die Deckung mit deutschen Schuppenschablonen (einfach und doppelt).
3. Die Doppeldeckung mit rechteckigem Schiefer.
4. Die französischen Deckungen.

1. Die altdeutsche Deckung mit Schuppen (Zentnerschuppen)

Sie wird mit festen dickeren Schieferplatten verschiedener Größe ausgeführt.

Die Einteilung der Aufschnürung ist bei dieser Deckung nur von Gebinde zu Gebinde durchführbar, da die Schiefer niemals die gleiche Höhe haben, oder es werden die Platten gleich auf ihre Überdeckung im Quer- und Längsschnitt angerissen, da ja bei diesem Schiefer fast alle Größen angeliefert werden. Die größten Platten werden vom Anfang an so aufgedeckt, daß die folgenden Gebinde bis zur Firstkante immer kleiner auslaufen.

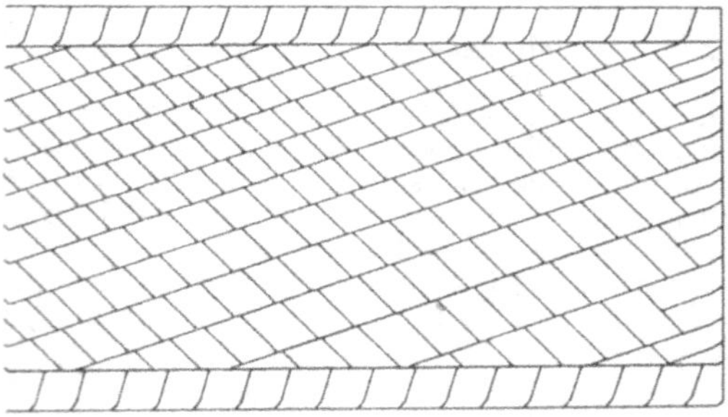

Abb. 12

Diese Art der Deckung ist nur auf Schalung auszuführen; meist werden dabei auch allen Kehlen (Ichsen), Fensterbacken mit Schiefer ausgedeckt.

Je nach ihrer Lage führen diese Steine verschiedene Namen und Formen.

So hat man an der Traufe (am Saum) die Trauf- oder Fußsteine (untere Rollschar).

Am Firste, den Ortsbandeln, der sonstigen Einfassungen, die First- oder Strackortsteine.

Ansetzer, linke oder rechte Ausspitzer (Beihauer).

Alle übrigen sind Decksteine.

In den Kehlen unterscheiden wir: den Herz- oder Wasserstein, den rechten oder linken Kehlstein.

2. Die Deckungen mit deutschen Schuppenschablonen

Die Schuppendeckung mit Schablonen ist bedeutend einfacher und leichter herzustellen, da ja alle Schiefer im Format gleich sind und einfach oder doppelt, sowie horizontal, wie auch diagonal, verlegt werden können.

Da alle Gebinde in der Höhe immer gleich sind, ist die Einteilung, ob zur Aufschnürung auf Schalung oder zum Abstrich für Lattung, leicht zu ermitteln.

Bei einfacher Deckung, diagonal, beträgt die Einteilung immer die Schieferlänge nach Abzug des verlangten Übergriffes.

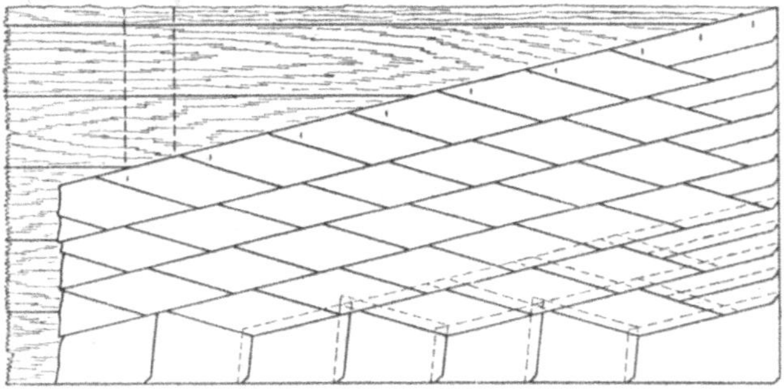

Abb. 13. Deckung mit deutschen Schuppenschablonen

Bei doppelter Deckung immer die Hälfte der Schiefer der nach Abzug der Überdeckung übrig bleibenden Längen.

Beispiel bei Format 8 × 16 Zoll oder 41 × 20 cm mit 8 cm Übergriff 41 — 8 = 33 cm Einteilung beim einfachen Dache.

Hingegen nach Abzug der 8 cm Überdeckung, die Hälfte von 33 cm = 16½ cm für Doppeldeckung.

3. Die Doppeldeckung mit rechteckigem Schiefer (englische Deckung)

Wird nur parallel zum Firste gedeckt und ist mit allen Rechteck-(Quadrat)steinen ausführbar.

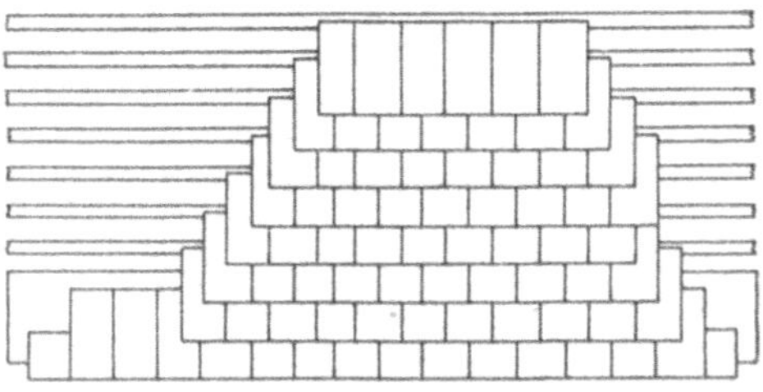

Abb. 14. Englische Doppeldeckung (Doppeldeckung)

Die Einteilungsweise wird wie oben beschrieben bestimmt. Im allgemeinen übergreift jede dritte Schicht die erste.

4. Die französischen Deckungen

Womit alle Deckungen mit Normal-, spitzwinkeligen Sechsecke, Litra-(fünfeckige) Schablonen, parallel oder diagonal ausgeführt werden können.

Bei uns werden diese Schiefer meist nur mit den größeren Formaten verarbeitet und daher fast immer auf Latten verlegt.

Die kleineren Formate kommen für Zierdeckungen, wie Türme, Kuppeln,

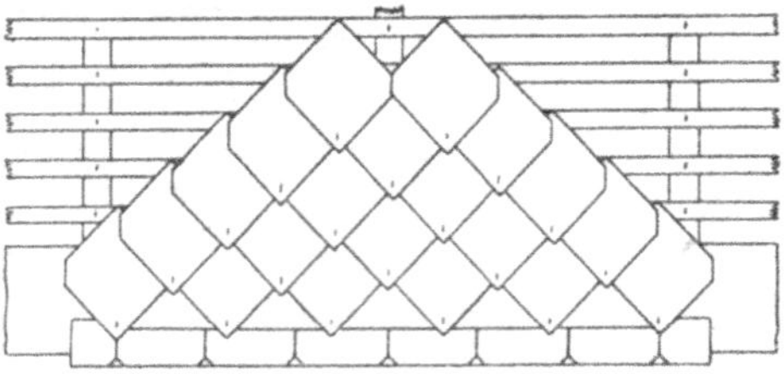

Abb. 15. Französische Deckung mit Normalschablonen

Fensterwangen, runde oder geschweifte Flächen in Frage, die mehr auf das Auge wirken sollen und welche meistens in verschiedenen Farben gemustert sind.

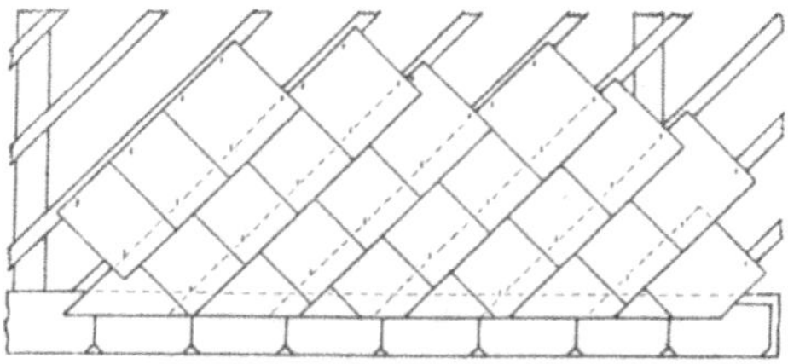

Abb. 16. Diagonale Deckung mit Quadratsteinen

Zeichnungen, ob am glatten Dach oder in geschweiften Flächen, Türmen usw. müssen immer aus dem Mittel heraus gearbeitet werden, um links und rechts in gleicher Figur zu enden. Es muß daher zu diesem Zwecke

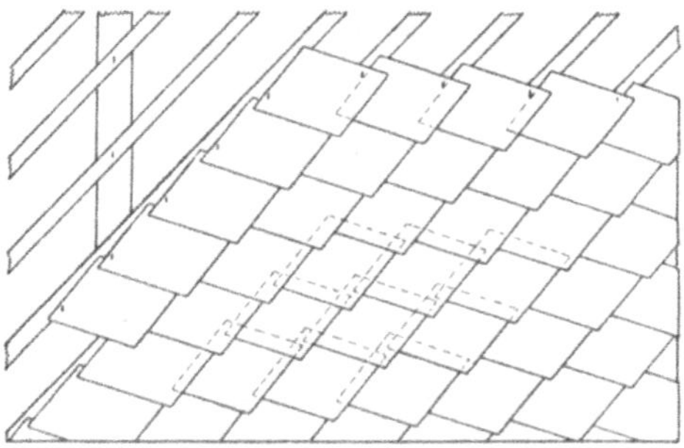

Abb. 17. Diagonale Deckung mit Rechtecksteinen

das genaue Ausmaß der Fläche ermittelt, aufgezeichnet und dem zu verarbeitenden Schiefer entsprechend eingeteilt und ausgearbeitet werden. Vom ästhetischen Standpunkt wäre wohl an dieser Deckung die allzugroße Regelmäßigkeit auszusetzen.

B. Kunstschiefer

Kunstschiefer, welcher unter verschiedenen Namen und von verschiedenen Fabriken hergestellt wird, ist ein Produkt, das aus Portlandzement und Asbestfasern, zwei Materialien, deren Feuer- und Wetterbeständigkeit bekannt ist, besteht. Die Platten werden auf eigenen Maschinen unter sehr hohem Druck im frischen Zustande behandelt, erlangen hiedurch eine außerordentliche Zug- und Druckfestigkeit, sind vollkommen frost- und wetterbeständig, wasserundurchlässig und besitzen ein geringes Wärmeleitungsvermögen.

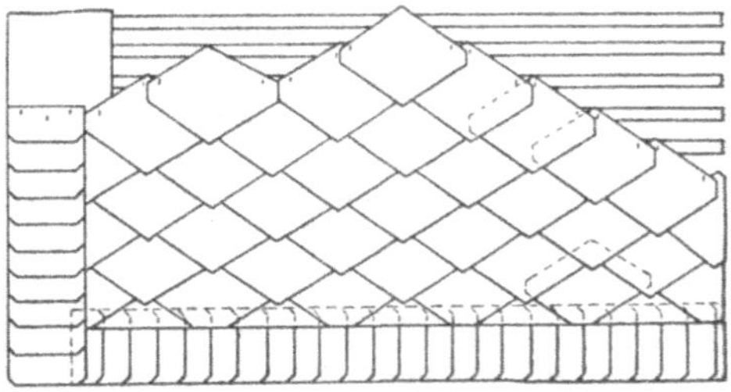

Abb. 18. Deckung mit stumpfwinkeligen Schablonen

Die Platten werden in noch frischem Zustande geschnitten, wodurch es möglich ist, alle gewünschten Formen und Größen jeder Stärke, rund oder scharfkantig, abgebogen, und in letzterer Zeit sogar in Röhrenform, anzufertigen.

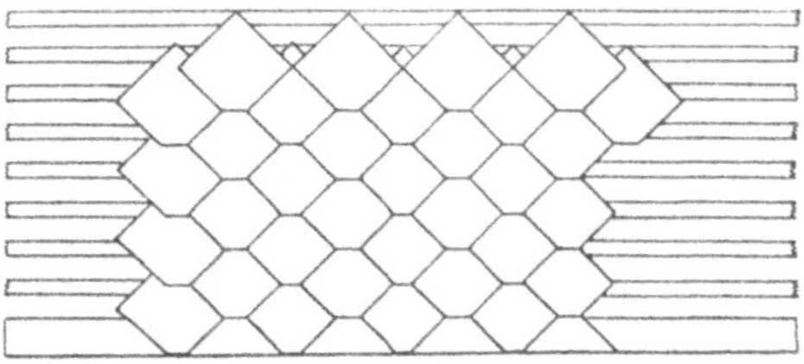

Abb. 19. Deckung mit Wabenschablonen

Es lassen sich damit alle gewünschten Deckungen herstellen, die Verarbeitung geschieht analog dem Naturschiefer, nur ist der Kunstschiefer, vermöge seiner größeren Elastizität leichter zu behandeln.

Speziell für Wandverkleidungen ist dieses Material allen anderen vorzuziehen und kann durch die angewendeten Klammern sturmsicher in allen Klimaten gedeckt werden.

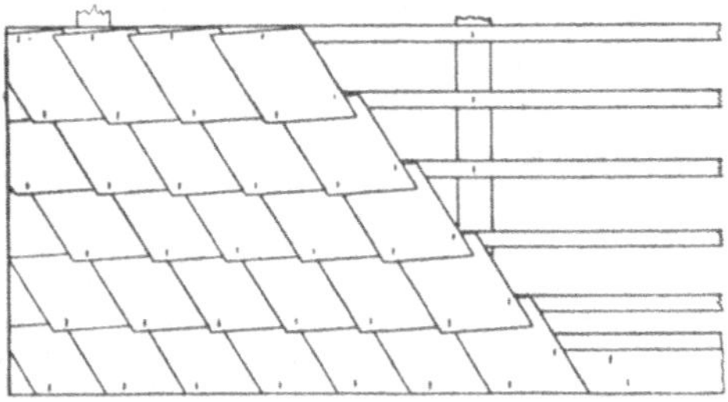

Abb. 20. Deckung mit Rhombussteinen (vertikal gedacht)

Der gebräuchlichste Kunstschiefer bei uns ist das Eternit, welches in verschiedenen Farben und Formen hergestellt wird. Vom ästhetischen Standpunkte wäre es wünschenswert, die hellgrauen Quadratschablonen möglichst zu vermeiden, da die Dachfläche zu nackt wird. Auch die des öfteren am Lande zur Ausführung gelangende Deckung in rot und grau sieht nicht gut aus.

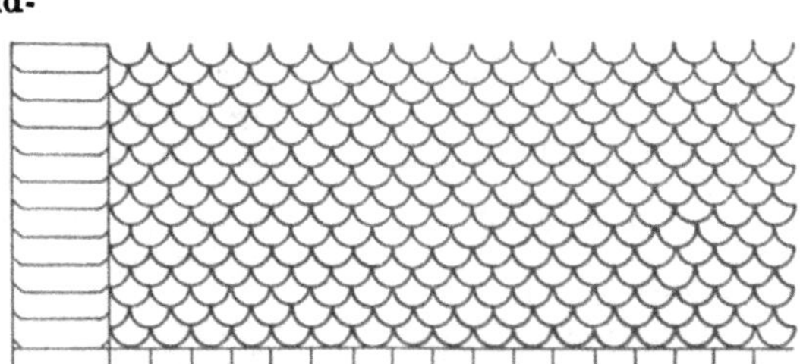

Abb. 21. Kunstschiefer. Schuppendeckung

Sehr vorteilhaft und in architektonischer Hinsicht am wirksamsten sind die Deckungen mit rostbraunen Rhombusschiefern, wenn die Gebinde in diagonal ansteigender Richtung ausgeführt werden, ebenso auch die sogenannte (Schweizerdeckung) mit Rechtecksteinen.

Für große Flächen werden die in der letzten Zeit durch die Eternit-Werke „Hatschek" hergestellten und neu auf den Markt gebrachten gewellten Platten in verschiedener Größe verwendet.

IV. Pappdächer

Einfaches Pappdach, Doppelpappdach, Leistendach, Holzzementdach, Preßkiesdach.

1. Einfaches Pappdach (schlicht gedeckt)

Bei dieser Deckung werden die Pappebahnen parallel zur Traufenkante auf Schalung verlegt, jede folgende Bahn muß die vorhergehende um die gewünschte Überdeckung (mindestens 8 cm) übergreifen und an dieser festgenagelt werden. Zur Nagelung sind in Abständen von 4 bis 6 cm sehr breitköpfige Nägel (Dachpappestiften) zu verwenden.

Diese Deckung kommt nur bei untergeordneten Bauten zur Ausführung.

2. Das Leistenpappdach

Gewöhnlich wird vorerst eine Pappbahn in der Mitte nach der Länge zerschnitten und dieser Streifen von 50 cm Breite parallel zur Traufenkante verlegt, hernach die zu deckende Fläche mit senkrecht zur Traufe laufenden Dreikantenleisten in Abständen von der Breite der zu verlegenden Dachpappe, normal 98 cm, versehen, d. h. benagelt. Die hiezu verwendeten Leisten müssen aus trockenem, möglichst astfreiem Holz geschnitten sein und bei einer Basis von 65 mm, 32 mm Höhe haben.

Bei Verlegung der Leisten auf nicht gespundeter oder gefalzter Schalung ist darauf zu achten, daß der Stoß der Leisten nicht auf eine Fuge zu liegen kommt, da sonst beim Betreten des Daches oder beim Werfen der Bretter die Deckung sehr leicht an dieser Stelle reißen könnte. An den Enden sind die Leisten etwas abzuschrägen.

Die zu verlegenden Pappbahnen werden zwischen diesen Leistenfeldern verlegt und geheftet, am Firste möglichst gleich zur anderen Seite hinüber überschlagen; sodann werden Pappstreifen in der Breite von 10 cm, welche zur leichteren Verarbeitung im Mittel abgebogen sind, genau im Mittel auf den Leisten mit Dachpappenstiften in 4 bis 6 cm Abständen so festgenagelt, daß die darunter liegenden Pappbahnen mit befestigt werden.

Beim Nageln, ebenso aber auch beim Begehen des Daches, ist darauf zu achten, daß die Dachpappe nicht an den Leistenrändern durchgeschlagen oder durchgetreten wird, weil solche Stellen hinterher schwer ausgebessert werden können, gewöhnlich wieder aufgeschnitten werden müssen und ein neues Stück an dieser Stelle eingearbeitet werden müßte.

Alle Pappdächer müssen mit heißem Teer oder Asphaltlack überstrichen werden.

Solche Anstriche dürfen nur bei sehr trockenem Wetter erfolgen, da sonst eine innige Verbindung zwischen Dachpappe und Anstrichmasse nicht stattfindet.

Bei guter und gleichmäßiger Auftragung des Anstriches ist ein Bestreuen mit Sand nicht nur unnötig, sondern direkt schädlich, da der Sand mit der Anstrichmasse bald eine harte Kruste bildet, welche sehr leicht Sprünge und Risse im Dach erzeugt.

Die Meinung, daß Pappdächer, welche wasserdurchlässig sind, durch einen neuen Anstrich und starkes Sandeln wieder dicht werden, ist eine irrige. Der Anstrich schließt keine in der Deckung befindlichen Löcher und Risse, da er höchstens so durchläuft wie das Wasser, sondern er soll bloß konservierend auf die Dachpappe wirken, indem er die der Einwirkung der Sonne, des Regens und Schnees ausgesetzte Pappe geschmeidiger erhält. Daher muß ein Pappendach mindestens jedes dritte Jahr gestrichen werden.

Ein Besteigen von Pappdächern mit Schuhen ist zu vermeiden; dieses soll nur mit weicher Beschuhung, wie Kletterschuhen, deutschen Telephon- oder Dachdeckerschuhen, mit Fetzen umwickelten Füßen erfolgen.

Gerüstungen sind mit Strohbauschungen zu unterlegen.

Materialbedarf beim einfachen Dach:

1,10 m² Dachpappe, 0,60 bis 0,75 kg Steinkohlenteer oder Asphaltlack, 40 bis 50 Stück Dachpappenstifte.

Beim Leistendach:

1,10 m² Dachpappe, 0,10 m² Kappstreifen, 1,10 lfd. m. Leisten; fünf bis sechs Stück 2½ bis 3 Zoll Nägel zum Befestigen der Leisten, 60 bis 80 Dachpappenstifte zum Heften der Dachbahnen und Nageln der Kappstreifen und zirka 0,60 bis 0,80 kg Steinkohlenteer oder Lack.

3. Das Doppelpappdach

Diese Deckung besteht aus zwei Lagen Dachpappe. Die erste Lage wird genau so verlegt wie beim einfachen Dach, jedoch werden die Ränder meist mit Klebmasse gestrichen, und zwar so, daß die Masse nicht auf die Schalung kommt, hernach genagelt; die zweite Lage wird mit einer halben Bahn begonnen, hierauf die heiße, dünnflüssige Klebmasse mittels eines Teerschrubbers (Teerbürste) gleichmäßig aufgetragen und die weiteren Bahnen in ihrer ganzen Breite so geklebt, daß sie sich mit der unteren Schicht gut verbinden.

Bei dieser Deckung ist die untere Lage gewöhnlich immer stärker als die obere; es können aber beide Lagen in gleicher Stärke genommen werden.

4. Das Holzzementdach

Die Holzzementdächer sind in ihrer Ausführung ähnlich den doppellagigen Klebdächern.

Auf die Verschalung kommt eine Lage Dachpappe, auf welche der Spängler seine Einfassung, Kiesleisten, Dunstrohre usw. montiert; hernach werden die folgenden Lagen (holzfreies Papier) in vorher aufgetragener heißer Klebmasse parallel zur Traufenkante verlegt, wobei man erstmalig mit der ganzen Breite des Papieres beginnt, die zweite Lage jedoch mit einer halben Breite anfängt, so daß die eine Lage die andere um die Hälfte übergreift. Vorteilhaft ist es, wenn noch eine dritte Lage Papier kommt. Das Papier muß so aufgeklebt werden, daß sich keine Rillen oder Blasen bilden; diese Blasen sind beim Verlegen durch rasches aus der Mitte Herausstreichen, solange es die heiße Masse noch zuläßt, zu beseitigen.

Auf die letzte Lage wird ebenfalls eine Schicht Holzzementmasse aufgetragen und hernach mit einer Schicht lehmigen Sandes, welcher nicht leicht abgeschwemmt werden kann, 5 bis 6 cm hoch überzogen; auf diesen Sand kommt eine ebenso hohe Schicht Kieselschotter, um das Abwehen des Sandes zu vermeiden.

Dachneigung von 2 bis 3 cm pro 1 lfm.

Materialverbrauch beim zweilagigen Dach:

1,10 m² Dachpappe, zirka 20 Stück Nägel, 2,30 m² Holzzementrollenpapier, 3,30 bis 3,50 kg Holzzementmasse, 20 bis 25 l Sand und 50 bis 60 l Kies.

5. Die Preßkiesdeckung

Das neuere Holzzementdach wird genau so ausgeführt wie das vorher beschriebene, jedoch verwendet man statt des Papieres eine oder zwei Lagen Dachpappe.

Auf den letzten Strich mit heißer Holzzementmasse wird eine nur 5 bis 6 mm hohe Lage gleichmäßigen erbsengroßen Rieselschotters in die noch warme Masse eingewalzt, so daß derselbe eine kompakte und gleichmäßig hohe Schicht ergibt.

An der Stelle, wo dieses Dach begangen werden soll, ist es zweckmäßig, einen Lattenrost oder Lauftreppen aus Brettern anzubringen, da sonst leicht der feinkörnige Riesel durch die Pappe tritt, was zu Undichtheiten führt.

Der Materialverbrauch ist analog wie beim Holzzementdach anzunehmen; Sand und Kies entfällt, dafür kommen 10 l Riesel.

V. Deckungen auf Beton

Deckungen auf Beton sind genau so wie auf Schalung durchzuführen, nur daß die Nagelung durch Kleben ersetzt wird und daher etwas mehr Klebmasse erforderlich ist. Der Beton muß vollkommen trocken sein und soll nicht allzu grob in der Fläche liegen.

VI. Deckung mit teerfreier Dachpappe

Alle Dächer, die mit Dachpappe und Teeranstrich gedeckt werden, können auch in teerfreier Dachpappe mit teerfreier Klebmasse gedeckt werden. Als Kappstreifen kommen Nesselstreifen zur Verwendung; auch eine Farbgebung nach Wunsch ist bei dieser Deckung möglich.

Selbstkostentabellen für Dachdeckungsmaterialien

1. Anleitung zur Benutzung der Selbstkostentabellen

In die Tabellen sind vom Meister die Preise für die benötigten Ziegel oder Schiefer entweder ab Werk bzw. Bruch oder franko seiner Bahnstation bzw. der Station des Baues einzutragen. Diese Preise werden unter des betreffenden Rubrik entweder mit dem Bruttopreis (d. i. der Preis de- Lieferanten ohne den eventuell gewährten Nachlaß) oder mit dem Netto, preis (d. i. der reine Kostenpreis unter Abzug des Nachlasses) ab Werk, bzw. wenn der Lieferant den Preis franko Bestimmungsstation offeriert unter der Rubrik „franko Bahnhof" eingesetzt.

Nunmehr ist die Zufuhr vom Bahnhof zum Lagerplatz oder Bauobjekt zu ermitteln. Z. B.: unter der Annahme, daß das Ausladen und Zuführen eines Waggons (laut Tabelle 5000 Stück) Dachziegeln 20/40 cm groß, von seiten des Fuhrmannes S 40,— kostet stellt sich die Zufuhr für 1000 Stück Ziegel auf den fünften Teil, d. i. 40 : 5 = S 8,— per 1000 Stück, welcher Betrag in die Rubrik „Zufuhr" unter der betreffenden Ziegelgröße einzusetzen ist.

Der Preis franko Bahnhof vermehrt um die Zufuhrkosten ergibt den Selbstkostenpreis franko Platz oder Bau.

Das dreimalige Wiederholen derselben Ziegelgrößen in der Tabelle hat den Zweck, die Preise für naturfarbige, imprägnierte und glasierte Ziegeln einsetzen zu können.

Für die Kalkulation und Offertlegung hat der Dachdeckermeister einen Prozentsatz für Verdienst zuzuschlagen, der sich nach der Kunde (Architekten, Baumeister, prompte Zahler usw. richtet).

Die Stückzahltabellen geben das Erfordernis an Ziegel oder Schiefer pro Quadratmeter an, wobei der Übergriff zu beachten ist.

Wünscht der Meister z. B. den Preis per Quadratmeter blau englische Schieferdeckung 7/14″, doppelt, 6 cm Übergriff, zu ermitteln, so hat er aus der Stückzahltabelle die Anzahl der auf 1 m² gehenden Steine zu entnehmen und mit dem Selbstkostenpreis aus der Selbstkostentabelle zu multiplizieren und das ganze durch 1000 zu dividieren.

In unserem Beispiel benötigt 1 m² laut Stückzahltabelle bei 7/14″ große Schiefer, 6 cm Übergriff, doppelt gedeckt, 37 Stück, daher kostet $1\ m^2 = \frac{98{,}60 \times 37}{1000}$ = S 3,65 (Selbstkosten der Schiefer), wobei der Preis mit S 98,60 franko Platz pro 1000 angenommen ist.

2. Selbstkosten- und Stückzahltabellen

Tabelle 1. Selbstkostentabelle

für flache Dachziegel (Biberschwanzziegel, Rechteckziegel, Wiener Formatziegel usw.)

Größe cm	Gewicht per 1000 St. kg	Ladung per 10 t-Waggon Stück	Preise per 1000 Stück				
			ab Werk		franko Bahnhof	Zufuhr zum Platz oder Bau	franko Platz oder Bau
			brutto	netto			
46,5/20	2500	4 000					
,,	,,	,,					
,,	,,	,,					
46/19	,,	,,					
,,	,,	,,					
,,	,,	,,					
45/20	,,	,,					
,,	,,	,,					
,,	,,	,,					
40/20	2000	5 000					
,,	,,	,,					
,,	,,	,,					
37/17	1700	6 000					
,,	,,	,,					
,,	,,	,,					
37/16	,,	,,					
,,	,,	,,					
,,	,,	,,					
37/15	,,	,,					
,,	,,	,,					
,,	,,	,,					
36/15	,,	,,					
,,	,,	,,					
,,	,,	,,					
26,5/12	850	12 000					
,,	,,	,,					
,,	,,	,,					
26/12,5	,,	,,					
,,	,,	,,					
,,	,,	,,					
26/12	,,	,,					
,,	,,	,,					
,,	,,	,,					
27/10	770	13 000					
,,	,,	,,					
,,	,,	,,					
23/10	700	14 000					
,,	,,	,,					
,,	,,	,,					
18/11	350	30 000					
,,	,,	,,					
,,	,,	,,					
18/10	,,	,,					
,,	,,	,,					
,,	,,	,,					
17/10	,,	,,					
,,	,,	,,					
,,	,,	,,					
15,5/8	150	70 000					
,,	,,	,,					
,,	,,	,,					
15/7,5	,,	,,					
,,	,,	,,					
,,	,,	,,					

Anmerkung:

Tabelle 2. **Ziegelbedarf pro m²**

für Doppeldeckung

Größe cm	Stückzahl bei Übergreifung in cm			
	5	6	7	8
46,5/20	24,1	24,7	25,3	26
46/19	25,7	26,3	27	27,7
45/20	25	25,5	26,3	27
40/20	28,6	29,4	30,3	31,2
37/17	36,7	37,9	39,2	40,5
37/16	39	40,3	42,3	43,1
37/15	41,7	43	44,4	45,9
36/15	43	44,4	46	47,7
26,5/12	77,5	81,8	85,5	90,1
26/12,5	76,2	80	84,2	88,8
26/12	79,3	83,3	87,7	92,6
27/10	90,9	95	100	105
23/10	111,1	117,6	125	133,3
18/11	139,8	151,5	165,3	181,8
18/10	153,8	166,6	181,8	200
17/10	166,6	181,8	200	222,2
15,5/8	238,1			
15/7,5	266,6			

Tabelle 3. **Ziegelbedarf pro m²**

für Kronen- und Ritterdachdeckung

Größe cm	Stückzahl bei einer Übergreifung in cm				
	8	9	10	11	12
46,5/20	26	26,6	27,4	28	28,8
46/19	27,7	28,4	29,3	30	30,8
45/20	27	27,8	28,6	29,5	30,3
40/20	31,2	32,2	33,3	34,5	35,7
37/17	40,5	42,1	42,4	44,3	47,1
37/15	45,9	47,6	48,1	51,2	53,2
36/15	47,7	48,1	51,2	53,2	55,4
26,5/12	81,1	95,2	100	107,5	119
26/12,5	88.8	94	100	108,8	114
26/12	92,6	98	140	111	118,8

Tabelle 4. **Selbstkostentabelle**
für Mönch- und Nonnendeckung

Nonnengröße	Mönchgröße	Gewicht kg	Ladung per 11-t-Waggon	per 1000 Stück ab Werk brutto	ab Werk netto	franko Bahnhof	Zufuhr z. Platz oder Bau	franko Platz oder Bau
20/40		2	4000 und					
	11/37	0,8	4000					

Tabelle 5. **Selbstkostentabelle**
für Hohlziegel (italienische Deckung)

Größe	Gewicht kg per 1000 St.	Ladung per 10-t-Waggon Stück	Preise per 1000 Stück ab Werk brutto	ab Werk netto	franko Bahnhof	Zufuhr z. Platz oder Bau	franko Platz oder Bau
47/14		1300					
47/11,5		1300					
45/17		1300					
45/12		1300					

Tabelle 6. **Ziegelbedarf für Mönch- und Nonnendeckung**[1]

Große Mönche, Modell 218, Lattenweite 34 cm, Stück 15
„ Nonnen, „ 219, „ 34 „ „ 15

Kleines Modell für Zier- und Turmdeckungen
Nr. 224—225 KL, Lattenweite 31 cm, ca. Stück 30

Tabelle 7. **Ziegelbedarf pro m²**
für Hohlziegel (italienische Deckung)

Größe cm	Stück bei Übergreifung in cm 7	8
47/14	36	37
47/11,5	45	46
45/17	31	32
45/12	44	45

[1] Wienerberger Fabrikat.

Tabelle 8. Selbstkostentabelle per m²
für flache Dachziegeldeckung (doppelt gedeckt)

Gattung	Übergriff	Ziegelformat in cm					
		46,5/20	46/19	45/20	40/20	37/17	37/16
natur	5						
	6						
	7						
	8						
imprägniert	5						
	6						
	7						
	8						
glasiert	5						
	6						
	7						
	8						
		37/15	36/15	26,5/12	26/12,5	26/12	27/10
natur	5						
	6						
	7						
	8						
imprägniert	5						
	6						
	7						
	8						
glasiert	5						
	6						
	7						
	8						
		23/10	18/11	18/10	17/10	15,5/8	15/7,5
natur	3						
	4						
	5						
	6						
imprägniert	3						
	4						
	5						
	6						
glasiert	3						
	4						
	5						
	6						

Tabelle 9 und 10

Selbstkostentabelle
für Hohlziegel (zur First- und Gratdeckung)

Länge	Nase	Preise per 1000 Stück				
		ab Werk		franko Bahnhof	Zufuhr zum Platz oder Bau	franko Platz oder Bau
		brutto	netto			
50	mit					
47	mit					
,,	ohne					
45	mit					
,,	ohne					
40	mit					
,,	ohne					
37	mit					
,,	ohne					
36	mit					
,,	ohne					
35	mit					
,,	ohne					
30	mit					
,,	ohne					
28	mit					
,,	ohne					
26	mit					
,,	ohne					
25	mit					
,,	ohne					
21	mit					
,,	ohne					
19	mit					
,,	ohne					
15	mit					
,,	ohne					

Anmerkung:

Ziegelbedarf per m
für Hohlziegel (zur First- und Gratdeckung)

Länge	Stück bei einer Übergreifung in cm			
	8	7	6	5
50	2,38			
47	2,56			
45	2,7			
40		3,13		
37		3,33		
36		3,45		
35		3,57		
30			4,12	
28			4,54	
26			5,—	
25			5,26	
21				6,25
19				7,14
15				8,33*

Anmerkung: * Übergriffe 3 cm

Tabelle 11. **Selbstkostentabelle für Falzziegel**

Gattung	Größe cm	Gewicht per 1000 St. kg	Ladung per 10-t-Waggon Stück	Farbe	Preise per 1000 Stück			
					ab Werk netto	franko Bahnhof	Zufuhr zum Platz oder Bau	franko Platz oder Bau
Strang	41/21,5	2300	4 400	Natur				
„	„	„	„	impr.				
„	„	„	„	glas.				
Doppel	40/20	2500	4 000	Natur				
„	„	„	„	impr.				
„	„	„	„	glas.				
Schuppen	39/22	2100	5 000	Natur				
„	„	„	„	impr.				
„	„	„	„	glas.				
Turm	23,5/10	800	12 000	Natur				
„	„	„	„	impr.				
„	„	„	„	glas.				

Tabelle 12. **Ziegelbedarf per m² für Falzziegel**

Gattung	Größe cm	cm Übergriff	Stück per m²
Strang	41/21,5	7—8	15
Doppel	40/20	6	15
Schuppen	39/22	13—15	20
Turm	23,5/10	6—7	60—70

Anmerkung:

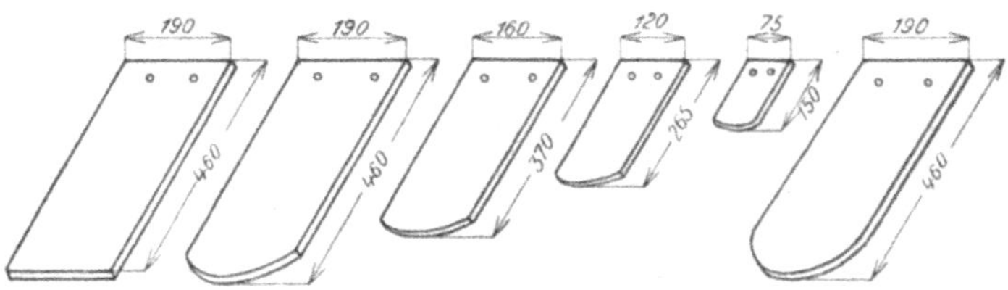

Abb. 22. Flache Dachziegel (Wienerberger Formate)

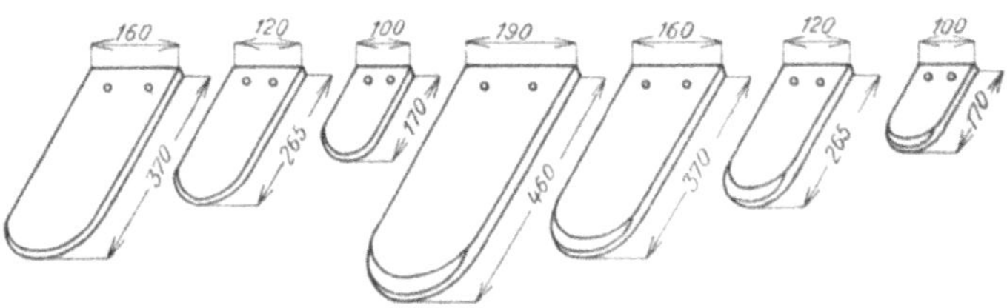

Abb. 23. Biberschwanzziegel (Wienerberger Formate)

Tabelle 13

Ziegelmaterial der Wienerberger Ziegelfabriks- und Baugesellschaft, Wien

Patentfalzziegel	Modell C	15 Stück per 1 m²	1000 Stück S 148,—
Halbe hiezu	„ C		
Strangfalzziegel	„ D	15 „ „ 1 „	1000 „ „ 142,—
Halbe hiezu	„ D		
Rautenfalzziegel	„ B	15 „ „ 1 „	1000 „ „ 148,—
Halbe hiezu	„		

Halbe Ziegel zu allen vorstehenden Modellen werden über Verlangen mitgeliefert, sind aber im Preise den ganzen Ziegeln gleichgehalten.

Imprägniertes Material aller Sorten um 30% teurer

Firstziegel für obige Sorten	Modell a	3 Stück für 1 lm	1 Stück S —,33
	„ b	$2^1/_2$ „ „ 1 „	1 „ „ —,40
	„ c	2 „ „ 1 „	1 „ „ —,50
	„ e	2 „ „ 1 „	1 „ „ —,50

Laut Musterliste Nr. 304	Gewölbtes Dachfenster	S 2,50
„ „ „ 300	Flaches Dachfenster	„ —,60
„ „ „ 301	Flaches Dachfenster	„ 1,— doppeltbreit
„ „ „ 308	Gewölbtes Dachfenster	„ 3,50 „

Flache Dachziegel			Firstziegel		
Nr.	Stück per 1 m²	Schilling per 1000 Stück	Modell Nr.	Stück per lfm	Schilling per Stück
2	28	105,—	50	2,5	—,12
5	28	105,—	55	2,5	—,30
6	43	95,—	65	2,5	—,40
7	75	85,—	69	3,5	—,30
9	210	32,—	71	4,0	—,25
10	28	105,—	73	4,5	—,20
11	43	95,—	75	5,5	—,12
12	75	85,—	81	4,0	—,35
13	135	65,—	83	3,5	—,40
20	28	120,—			
21	43	110,—			
22	75	90,—			
23	135	70,—			

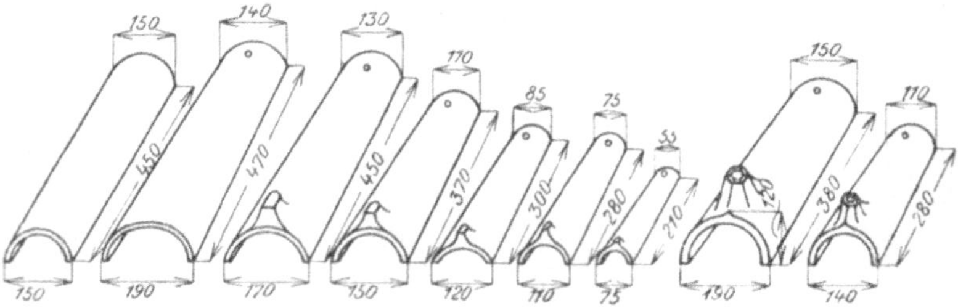

Abb. 24. Hohl-, First und Gratziegel (Wienerberger Formate)

Wienerberger Mönch- und Nonnendachziegel

Für größere Dachflächen (Fabriksmodell Nr. 218, 219, H/J) 1000 Paar S 275,—.

Die passenden Firstziegel hiezu, Modell m (Fabriksnummer 274), per Stück S —,55.

Für kleinere Flächen und für Turmeindeckungen, Modell K/L (Fabriksnummer 224, 225). 1000 Paar S. 210,—.

Firstziegel, Modell o (Fabriksnummer 276), per Stück S —,65.

Wienerberger holländische Pfannen

Modell G. Eindeckung geschieht analog der der Strangfalzziegel. Ziegelgröße 40 × 24½ cm, Verbrauch 15 Stück per 1 m², Lattenweite 34½ cm. 1000 Stück S 165,—. Die hiezu passenden Firstziegel 40 cm lang, überdecken zwei Reihen holländische Pfannen. Für den laufenden Meter First sind daher 2½ Stück erforderlich, per Stück S —,65.

Sämtliche Nonnen und Mönche oder holländische Pfannenziegel werden nur naturfarbig erzeugt, für deren gleichmäßige Farbe die Werke nicht haften, selbe können jedoch auch in anderen Farben hergestellt werden, wenn die Fabrik rechtzeitig den Auftrag hiefür erhält.

Bei solchen Ausnahmsarbeiten empfiehlt es sich, vorerst bei den Werken anzufragen.

Alle Ziegelpreise verstehen sich loko Werk, ohne Warenumsatzsteuer, welche gegenwärtig 2,25% beträgt.

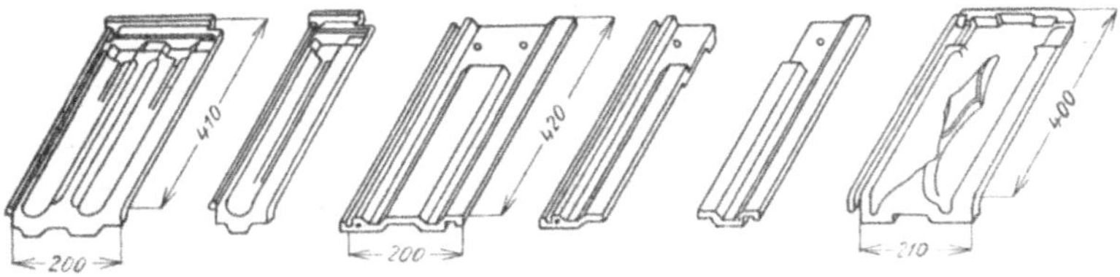

Abb. 25. Doppel-, Strang und Rautenfalzziegl (Wienerberger Formate)

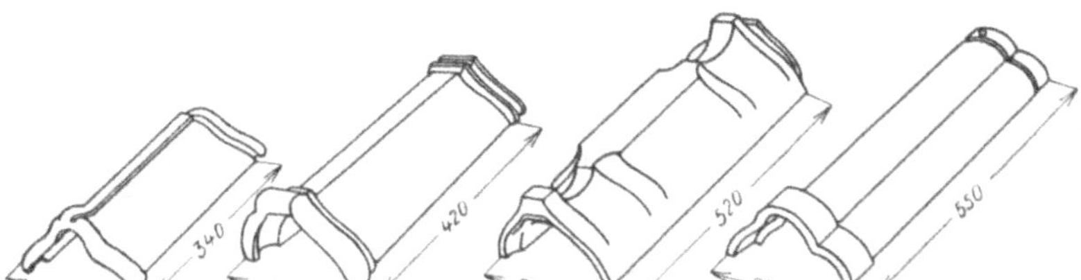

Abb. 26. First- und Gratziegel zur Falzziegeldeckung (Wienerberger Formata)

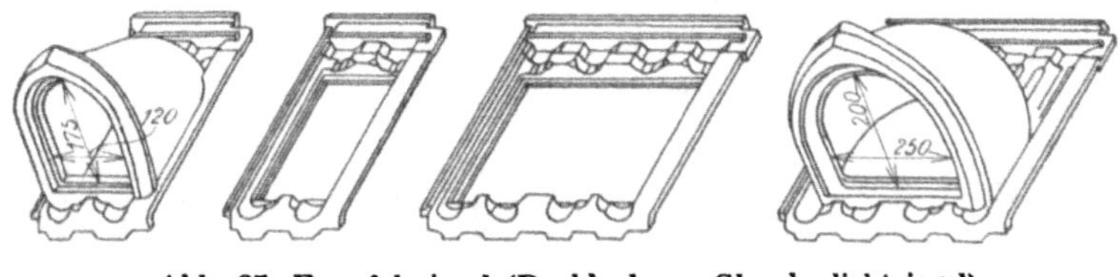

Abb. 27. Formfalzziegel (Dachlucken-, Glasoberlichtziegel)

Tabelle 14. Stückzahltabelle per m² für Schiefer

Größe in Zoll	Übergreifung in cm, einfach gedeckt						Übergreifung in cm, doppelt gedeckt					
	8	7	6	5	4	3	8	7	6	5	4	3
26/16	5,22	5,—	4,76	4,55	4,36	—	8,41	8,26	8,13	8,—	7,88	—
24/14	6,74	6,38	6,06	5,75	5,48	—	10,48	10,30	10,10	9,92	9,75	—
24/12	8,58	8,05	7,57	7,14	6,74	—	12,58	12,34	12,12	11,90	11,69	—
22/12	9,47	8,87	8,33	7,85	7,40	—	13,90	13,60	13,33	13,07	12,82	—
22/11	10,42	9,80	9,10	8,53	8,—	—	14,88	14,57	14,28	14,—	13,73	—
20/12	10,57	9,88	9,25	8,69	8,18	7,72	15,50	15,26	14,80	14,49	14,18	13,89
20/10	13,68	12,62	11,70	10,35	9,67	9,06	17,89	17,48	17,10	16,72	16,37	16,02
18/12	11,96	11,14	10,41	9,76	9,15	8,61	17,54	17,10	16,66	16,26	15,88	15,50
18/10	15,48	14,25	13,16	12,20	11,33	10,57	21,05	20,51	20,—	19,51	19,05	18,60
18/9	17,54	16,03	14,70	13,55	12,53	11,63	22,88	22,30	21,74	21,20	20,70	20,22
16/12	13,77	12,79	11,90	11,11	10,37	9,75	20,20	19,60	19,05	18,52	18,02	17,54
16/10	17,82	16,34	15,04	13,90	12,87	11,95	24,27	23,50	22,86	22,22	21,62	21,05
16/9	20,20	18,38	16,77	15,44	14,22	13,16	26,38	25,58	24,85	24,15	23,50	22,88
16/8	25,25	22,62	20,40	18,52	16,89	15,48	30,30	29,41	28,57	27,77	27,02	26,32
16½/8½	22/62	20,40	18,52	16,90	15,48	14,25	28,—	27,21	26,46	25,75	25,06	24,42
14/12	16,23	15,—	13,88	12,90	12,02	11,22	23,81	23,—	22,22	21,50	20,83	20,20
14/10	21,22	19,16	17,54	16,13	14,88	13,77	28,57	27,58	26,80	25,56	25,—	24,24
14/8	29/76	26,53	23,80	21,50	15,53	17,84	35,71	34,48	33,30	32,25	31,25	30,30
14/7	35,71	31,34	27,78	24,82	22,32	20,20	39,68	38,31	37,—	35,86	34,72	33,67
13/10	23,53	21,36	19,50	17,86	16,42	15,15	32,—	30,77	29,63	28,57	27,58	26,67
13/7	40,—	34,96	30,86	27,50	24,63	22,22	44,44	42,74	41,15	39,70	38,31	37,04
12/10	26,70	24,15	21,93	20,—	18,31	16,84	36,36	34,72	33,33	32,—	31,08	29,70
12/8	—	33,44	29,76	26,60	24,05	21,79	—	43,48	41,67	40,—	38,46	37,04
12/6	—	—	46,30	40,—	34,96	30,86	—	57,80	55,56	53,33	51,28	49,38
11/7	—	—	37,80	33,41	29,76	26,27	—	52,91	50,50	48,31	46,30	44,44
11/5½	—	—	57,—	48,30	41,66	36,36	—	68,03	64,50	62,11	59,52	57,14
10/8	—	—	37,59	33,33	29,76	26,74	—	54,63	52,63	50,—	46,66	45,45
10/6	—	—	58,48	50,—	43,29	37,88	—	—	70,—	66,66	63,49	60,60
12/6½	—	—	—	—	—	—	—	—	50,50	48,49	46,62	44,44

Tabelle 15. Selbstkostentabelle für blau englische Schiefer

Umrechnungskurs: 1 M. = S 1,70

Bezeichnung	Größe		Ladung per 10-t-Waggons	Preise per 1000 Stück									
				laut Tarif des Bruches				franko Bahnhof		Zufuhr zum Platz		franko Platz	
				bruttto		netto							
	Zoll	cm	Stück	M.	Pf.	M.	Pf.	S	g	S	g	S	g
	26/16	66/41	3300										
	24/14	61/36	4200										
	24/12	61/30	4800										
	22/12	56/30	5600										
	22/11	56/28	6000										
	20/10	51/25	7200										
	18/10	46/25	8400										
	18/9	46/23	9000										
	16/10	41/25	9000										
	16/9	41/23	10000										
	16½/8½	42/23	10500										
	16/8	41/20	11000										
	14/12	36/30	9000										
	14/10	36/25	10500										
	14/8	36/20	13500										
	14/7	36/18	15400										
	13/10	33/25	11000										
	13/7	33/18	16500										
	12/8	30/20	15400										
	12/6	30/15	21000										
	11/5½	28/14	25000										
	10/8	25/20	18000										
	10/6	25/15	25000										

Tabelle 16. Selbstkostentabelle per m²
für blau englische Schiefer

Übergriff	einfach gedeckt						doppelt gedeckt					
	16/26	14/24	12/24	12/22	11/22	10/20	16/26	14/24	12/24	12/22	11/22	10/20
8												
7												
6												
5												
4												
3												
	10/18	9/18	10/16	9/16	8½/16½	8/16	10/18	9/18	10/16	9/16	8½/16½	8/16
8												
7												
6												
5												
4												
3												
	12/14	10/14	8/14	7/14	10/13	7/13	12/14	10/14	8/14	7/14	10/13	7/13
8												
7												
6												
5												
4												
3												
	8/12	6/12	5½/11	8/10	6/10		8/12	6/12	5½/11	8/10	6/10	
8												
7												
6												
5												
4												
3												

Tabelle 17. Selbstkostentabelle
für rot englische Schiefer

Umrechnungskurs: 1 M. = S 1,70

Bezeichnung	Größe		Ladung per 10-t-Waggon	Preise per 1000 Stück									
				laut Tarif des Bruches				franko Bahnhof		Zufuhr zum Platz		franko Platz	
				brutto		netto							
	Zoll	cm	Stück	M.	Pf.	M.	Pf.	S	g	S	g	S	g
	24/14	61/36	4000										
	24/12	61/30	4600										
	22/12	56/30	5300										
	22/11	56/28	5700										
	20/12	51/30	5700										
	20/10	51/25	6500										
	18/12	46/30	6000										
	18/10	46/25	7400										
	18/9	46/23	8400										
	16/12	41/30	6700										
	16/10	41/25	8400										
	16/9	41/23	9000										
	16/8	41/20	10000										
	14/12	36/30	8000										
	14/10	36/25	9500										
	14/8	36/20	12000										
	14/7	36/18	13000										
	13/10	33/25	10000										
	13/7	33/18	15000										
	12/10	30/25	11000										
	12/8	30/20	14300										
	12/6	30/15	18000										
	10/8	25/20	16500										
	11/7	28/18	16500										

Tabelle 18. **Selbstkostentabelle per m²**
für rot englische Schiefer

Übergriff	einfach gedeckt						doppelt gedeckt					
	14/24	14/24	12/22	11/22	12/20	10/20	14/24	12/24	12/22	11/22	12/20	10/20
8												
7												
6												
5												
4												
3												
	12/18	10/18	9/18	12/16	10/16	9/16	12/18	10/18	9/18	12/16	10/16	9/16
8												
7												
6												
5												
4												
3												
	8/16	12/14	10/14	8/14	7/14	10/13	8/16	12/14	10/14	8/14	7/14	10/13
8												
7												
6												
5												
4												
3												
	7/13	10/12	8/12	6/12	8/10	7/11	7/13	10/12	8/12	6/12	8/10	7/10
8												
7												
6												
5												
4												
3												

Tabelle 19. **Selbstkostentabelle**
für blau französische Schiefer

Umrechnungskurs: 1 M. = S 1,70, 1 Fr. = S —,28

Bezeichnung	Größe		Ladung per 10-t-Waggon	Preise per 1000 Stück									
				laut Tarif des Bruches				franko Bahnhof		Zufuhr zum Platz		franko Platz	
				brutto		netto							
	Zoll	cm	Stück	M.	Pf.	M.	Pf.	S	g	S	g	S	g
	24/14	60/36	3 600										
	24/12	60/30	4 300										
	22/12	56/30	4 700										
	22/11	56/28	5 200										
	20/10	50/25	6 600										
	18/10	46/25	7 500										
	18/9	46/23	8 400										
	16/10	40/25	8 500										
	16/8	40/20	11 000										
	14/10	36/25	10 000										
	14/8	36/20	12 500										
	14/7	36/18	14 300										
	12/8	30/20	15 100										
	12/6	30/15	21 300										
	12/6½	30/16	21 000										
	11/7	28/18	19 000										
	10/8	25/20	18 500										
	10/6	25/15	25 000										
	Quadrate:												
	16	40	5 200										
	14	36	7 000										
	13	33	8 200										
	12	30	10 000										
	10	26	14 300										
	9	22	20 000										

Tabelle 20. **Materialbedarf per m²**
Quadrate: einfache Deckung

☐ Zoll	16	14	13	12	10	9
Übergriff cm	(40 cm)	(36 cm)	(33 cm)	(30 cm)	(26 cm)	(22 cm)
8	9,77	12,76	16,—	20,66	30,86	—
7	9,47	12,02	15,39	19,76	29,24	44,44
6	9,19	11,49	14,27	18,12	28,29	41,67

Tabelle 21. Selbstkostentabelle per m²
für blau französische Schiefer

Übergriff	einfach gedeckt						doppelt gedeckt					
	14/24	12/24	12/22	11/22	12/20	10/20	14/24	12/24	12/22	11/22	12/20	10/20
8												
7												
6												
5												
4												
3												
	12/18	10/18	9/18	12/16	10/16	9/16	12/18	10/18	9/18	12/16	10/16	9/16
8												
7												
6												
5												
4												
3												
	8/16	12/14	10/14	8/14	7/14	10/13	8/16	12/14	10/14	8/14	7/14	10/13
8												
7												
6												
5												
4												
3												
	7/13	10/12	8/12	6/12	8/10	7/11	7/13	10/12	8/12	6/12	8/10	7/11
8												
7												
6												
5												
4												
3												

Tabelle 22. **Selbstkostentabelle**

für grün (rot) französische Schiefer

Umrechnungskurs: 1 M. = S 1,70, 1 Fr. = S —,28

Bezeichnung	Größe Zoll	Größe cm	Ladung per 10-t-Waggon Stück	Preise per 1000 Stück: laut Tarif des Bruches brutto M.	brutto Pf.	netto M.	netto Pf.	franko Bahnhof S	g	Zufuhr zum Platz S	g	franko Platz S	g
	24/14	60/36	4000										
	24/12	60/30	4300										
	22/12	56/30	4700										
	22/11	56/28	5500										
	20/10	50/25	7000										
	18/10	46/25	7600										
	18/9	46/23	8500										
	16/10	40/25	8700										
	16/8	40/20	11000										
	14/10	36/25	10100										
	14/8	36/20	12800										
	14/7	36/18	14600										
	12/7	30/18	16700										
	12/6	30/15	19900										
	10/7	25/18	19900										

für rot französische Schiefer

Bezeichnung	Größe Zoll	Größe cm	Ladung per 10-t-Waggon Stück	Preise per 1000 Stück: laut Tarif des Bruches brutto M.	brutto Pf.	netto M.	netto Pf.	franko Bahnhof S	g	Zufuhr zum Platz S	g	franko Platz S	g
	24/12	60/30	4500										
	20/10	50/25	7200										
	18/10	46/25	8000										
	18/9	46/23	9000										
	16/10	40/25	9000										
	16/8	40/20	12000										
	14/10	36/25	10500										
	14/8	36/20	13700										
	14/7	36/18	16000										
	13/7	33/18	17500										
	12/6	30/15	22000										
	10/8	25/20	20000										

Tabelle 23. **Selbstkostentabelle per m²**
für grüne und rote französische Schiefer

Übergriff	14 24	12/24	12/22	11/22	10/20	10/18
8						
7						
6						
5						
4						
3						
	9/18	10/16	8/16	10/14	8/14	7/14
8						
7						
6						
5						
4						
3						
	7/12	6/12	7/10			
8						
7						
6						
5						
4						
3						
	12/24	10/20	10/18	9/18	10/16	8/16
8						
7						
6						
5						
4						
3						
	10/14	8/14	7/14	7/13	6/12	8/10
8						
7						
6						
5						
4						
3						

(Wegen Stückanzahl pro m² siehe Stückzahltabelle Seite 30)

Tabelle 24. **Selbstkostentabelle**
für französische spitzw. Schablonen
Umrechnungskurs: 1 M. = S 1,70, 1 Fr. = S —,28

Bezeichnung	Größe der Schiefer	Größe des Abschnittes	Ladung per 10-t-Waggon	Preise per 1000 Stück: laut Tarif des Bruches brutto		laut Tarif des Bruches netto		franko Bahnhof		Zufuhr zum Platz		franko Platz	
	cm	cm	Stück	M.	Pf.	M.	Pf.	S	g	S	g	S	g
V	42,7/28,5	10,7	12000										
VI	38,0/25,0	10,7	15200										
VII	35,6/23,8	9,5	17600										
VIII	33,2/21,4	7,3	23300										
IX	30,8/20,2	7,3	26700										
X	28,5/19,0	7,3	29000										
XI	26,2/17,8	7,3	32800										
XII	23,8/15,4	6,0	42500										
XIII	21,4/13,0	4,8	52600										

Tabelle 25. **Stückzahl per m²**
für französische spitzw. Schablonen

	V	VI	VII	VIII	IX	X	XI	XII	XIII
Stück	21,9	29,3	32,2	36,—	42,1	49,6	59,4	72,9	92,6
Preis									

Tabelle 26. **Selbstkostentabelle**
für deutsche Rechteckschiefer
Umrechnungskurs: 1 M. = S 1,70

Bezeichnung	Größe		Ladung per 10-t-Waggon	Preise per 1000 Stück											
				laut Tarif des Bruches				franko Bahnhof		Zufuhr zum Platz		franko Platz			
				brutto		netto									
	Zoll	mm	Stück	M.	Pf.	M.	Pf.	S	g	S	g	S	g		
1	24/14	610/356	2 950												
2	24/12	610/305	3 750												
3	22/12	559/305	4 050												
4	22/11	559/279	4 650												
5	20/10	508/254	5 700												
6	18/10	457/254	6 250												
7	16/10	406/254	7 400												
8	18/9	457/229	6 850												
9	16/9	406/229	8 300												
10	16/8	406/203	9 500												
11	14/8	356/203	10 500												
12	14/7	356/178	12 500												
13	13/7	330/178	14 250												
14	12/6	305/152	18 150												

Tabelle 27. **Selbstkostentabelle per m²**

Übergriff	Deckung	14/24	12/24	12/22	11/22	10/20	10/18	10/16
8	e							
8	d							
7	e							
7	d							
6	e							
6	d							
		9/18	9/16	8/16	8/14	7/14	7/13	6/12
8	e							
8	d							
7	e							
7	d							
6	e							
6	d							

(Wegen Stückanzahl pro m² siehe Stückzahltabelle Seite 30)
e = einfache Deckung
d = doppelte „

Tabelle 28. **Selbstkostentabelle für deutsche Normalschablonen**

Umrechnungskurs: 1 M. = S 1,70

Bezeichnung	Größe — Diagonalbreite		Abschnitt	Gewicht per Mille	Preise per 1000 Stück — laut Tarif des Bruches — brutto		netto		franko Bahnhof		Zufuhr zum Platz		franko Platz	
NN	cm	Zoll	cm	kg	M.	Pf.	M.	Pf.	S	g	S	g	S	g
1	66,2/55,5	18	10,7	3750										
2	61,7/51,0	16,5	10,7	3100										
3	56,8/46,1	15	10,7	2550										
4	52,1/41,4	14	10,7	2100										
5	47,4/36,7	12½	10,7	1500										
6	42,7/32,0	11½	10,7	1200										
7	38,0/27,3	10	10,7	1000										
8	35,6/24,9	9½	10,7	700										
9	33,2/23,7	9	9,5	600										
10	30,8/21,3	8	9,5	550										
11	28,5/21,5	7½	7,2	450										
12	26,2/19,0	7	7,2	350										
13	20,4/16,4	6	4,0	200										

Tabelle 29. **Stückzahl per m²**

Größe	18	16,5	15	14	12½	11½	10
Stück . . Preis . . .	6,5	7,8	9,5	11,8	15	19,8	27,3
Größe	**9½**	**9**	**8**	**7½**	**7**	**6**	
Stück . . Preis . . .	32,8	36,1	44,6	44,6	54,6	75,7	

Tabelle 30. **Selbstkostentabelle**
für deutsche spitzw. Schablonen
Umrechnungskurs: 1 M. = S 1,70

Bezeichnung	Größe Diagonalbreite		Abschnitt	Gewicht per Mille	Preise per 1000 Stück: laut Tarif des Bruches brutto		netto		franko Bahnhof		Zufuhr zum Platz		franko Platz	
Nr.	cm	Zoll	cm	kg	M.	Pf.	M.	Pf.	S	g	S	g	S	g
0	66,4/45,0	16	10,7	2650										
I	61,6/41,5	15	10,7	2250										
II	56,7/37,9	13¾	10,7	2000										
III	52,1/35,5	12¾	10,7	1700										
IV	47,4/30,3	11½	10,7	1200										
V	42,7/28,5	11	10,7	1000										
VI	38/25	9½	10,7	800										
VII	35,6/23,8	9	9,5	650										
VIII	33,2/21,4	8	7,3	500										
IX	30,8/20,2	7½	7,3	450										
X	28,5/19	7	7,3	400										
XI	26,2/17,8	6½	7,3	300										
XII	23,8/15,4	6	6	250										
XIII	21,4/13,2	5½	4,8	200										

Tabelle 31. **Stückzahl per m²**

Größe	16	15	13¾	12¾	11½	11	9½
Stück . .	8	9,5	11,5	13,6	17,7	21,9	29,3
Preis . . .							
Größe	**9**	**8**	**7½**	**7**	**6½**	**6**	**5½**
Stück . .	32,2	36	42,1	49,7	59,5	72,9	92,6
Preis . . .							

Tabelle 32. **Selbstkostentabelle**
für deutsche Litera-Schablonen
Umrechnungskurs: 1 M. = S 1,70

Bezeichnung	Größe		Gewicht per Mille	Preise per 1000 Stück									
	Diagonalbreite			lautTarif des Bruches				franko Bahnhof		Zufuhr zum Platz		franko Platz	
				brutto		netto							
Litera	cm	Zoll	kg	M.	Pf.	M.	Pf.	S	g	S	g	S	g
AA	66,4/52,1	16½	3000										
A	61,6/48,6	15	2500										
B	56,7/45	14	2000										
C	52,1/42,7	12½	1600										
D	47,4/38	11½	1250										
E	42,7/35,6	11	1050										
F	38/32	10	800										
G	35,6/29,8	9	700										

Tabelle 33. **Stückzahl per m²**

Übergriff		16½	15	14	12½	11½	11	10	9
8	Stück	8,41	9,7	13,2	17,36	20,6	27,7	—	—
	Preis								
7	Stück	8,16	9,18	12,3	16	18,88	25	34,9	44,44
	Preis								
6	Stück	7,71	8,65	11,5	14,8	17,36	22,68	30,19	39,04
	Preis								
5	Stück							27,7	34,6
	Preis								
4	Stück							25	30,86
	Preis								

Tabelle 34. Selbstkostentabelle für Schuppen-Schablonen

Größe cm		Übergriff	Gewicht per Mille	Preis per 1000 Stück									
				laut Tarif des Bruches				franko Bahnhof		Zufuhr zum Platz		franko Platz	
				brutto		netto							
Höhe	Breite	cm	kg					S	g	S	g	S	g
32	25	8/6	1050										
30	25	8/6	1000										
28	24	8/6	800										
28	23	8/6	750										
28	21	7/5 1/2	700										
26	21	7/5 1/2	675										
26	17	7/5	500										
24	21	7/5 1/2	625										
24	19	6/5	550										
24	17	6/5	500										
23	15	6/4 1/2	375										
22	19	6/5	500										
18	15	5/3 1/2	275										

Tabelle 35. Stückzahl per m²

	Bruch	32/25	30/25	28/24	28/23	28/21	26/21	26/17
Stück		21,9	23,9	27,7	29,4	30,8	34	43,8
Preis								

	Bruch	24/21	24/19	24/17	23/15	22/19	18/15	
Stück		38	39,7	46,3	56,1	44,6	67	
Preis								

Tabelle 36. **Selbstkostentabelle**
für mährisch-schlesischen Schiefer

Quadrate:

Größe		Gewicht per Mille	Preise per 1000 Stück									
			laut Tarif des Bruches				franko Bahnhof		Zufuhr zum Platz		franko Platz	
			brutto		netto							
Zoll	cm	kg	S	g	S	g	S	g	S	g	S	g
8/8	21	570										
9/9	23	780										
10/10	26	1000										
11/11	29	1300										
12/12	32	1560										
13/13	34	2000										
14/14	37	2300										
15/15	40	2800										
18/18	47	4300										
Rechtecke:												
7/12	18/32	600										
8/12	21/32	925										
7/14	18/37	1000										
8/16	21/42	1350										
9/18	23/47	2000										
10/18	26/47	2500										

Tabelle 37. **Stückzahltabelle**
für mährisch-schlesischen Schiefer

Quadrate:

Größe Zoll	Übergreifung in cm			
	8	7	6	5
8/8	—	—	—	37,9
9/9	—	—	—	30,9
10/10	—	—	24,4	23,8
11/11	—	20,7	18,9	17,7
12/12	18,2	16,7	15,4	14,3
13/13	14,5	13,5	12,6	—
14/14	11,9	11,2	10,4	—
15/15	10,1	9,5	8,9	—
18/18	6,9	6,4	6,1	—

Rechtecke:

Größe Zoll	Übergreifung in cm							
	bei einfacher Deckung				bei doppelter Deckung			
	8	7	6	5	8	7	6	5
7/12	—	—	32,1	39,9	—	—	42,7	41,2
8/12	—	30,8	27,5	24,7	—	38,1	36,6	35,3
7/14	32,0	30,3	29,0	26,0	38,3	37,0	35,8	34,7
8/16	22,7	22,0	21,4	20,9	28,0	27,2	26,7	25,7
9/18	17,1	16,7	16,3	15,9	22,3	21,7	21,2	20,7
10/18	14,3	13,9	13,6	13,2	19,7	19,2	18,8	18,3

Tabelle 38. **Selbstkostentabelle**
für Kunstschiefer

Benennung	Größe	Gewicht p. 1000 Stück	Preise per 1000 Stück: ab Werk netto		franko Bahnhof		Zufuhr zum Platz		franko Platz	
	cm	kg	S	g	S	g	S	g	S	g
Schablonen . .	40/40	1200								
„ . .	40/40	1200								
„ . .	30/30	700								
„ . .	30/30	700								
Quadratsteine	40/40	1200								
„ . .	40/40	1200								
„ . .	30/30	700								
„ . .	30/30	700								
Rechtecksteine	40/20	650								
„ . .	40/20	650								
„ . .	30/15	350								
„ . .	30/15	350								
Saum- und Firststeine . .	40/20	650								
Saum- und Firststeine . .	30/15	350								
Schuppensteine	40/20	435								
„ . .	40/13	310								
„ . .	40/10	245								
Hohlsteine . .	40/12	475								
Sturmklammern . .		2,9								
Hohlklappenklammern . .		11,5								

Tabelle 39. **Stückzahltabellen per m²**
für Kunstschiefer

Französische Deckung mit Schablonen

Übergriff	30/30 cm wagrechte Lattung cm	30/30 cm Stück per m²	40/40 cm wagrechte Lattung cm	40/40 cm Stück per m²
7	15	18,9	22	9,2
8	14	20,7	21	9,8
9	14	22,7	21	10,4
10	13	25	20	11,2

Deutsche Deckung mit Quadratsteinen

Übergriff	30/30 cm diagonale Lattung cm	30/30 cm Stück per m²	40/40 cm diagonale Lattung cm	40/40 cm Stück per m²
7	23	18,9	33	9,2
8	22	20,7	32	9,8
9	21	22,7	31	10,4
10	20	25	30	11,2

Doppeldeckung mit Quadratsteinen

Übergriff	30/30 cm wagrechte Lattung cm	30/30 cm Stück per m²	40/40 cm wagrechte Lattung cm	40/40 cm Stück per m²
6	12	27,8	17	14,7
7	11,5	29	16,5	15,2
8	11	30,3	16	15,7
9	10,5	31,8	15,5	16,2

Doppeldeckung mit Rechtecksteinen

Übergriff	30/15 cm wagrechte Lattung cm	30/15 cm Stück per m²	40/20 cm wagrechte Lattung cm	40/20 cm Stück per m²
6	12	55,6	17	29,4
7	11,5	58	16,5	30,4
8	11	60,6	16	31,3
9	10,5	63,5	15,5	32,3

Schuppendeckung

Übergriff	40/20 cm (3 Zacken) Stück per m²	Übergriff	40/13 cm (5 Zacken) Stück per m²	Übergriff	40/10 cm (5 Zacken) Stück per m²
5	33	3	50	2	63
5	33	3	50	2	63

Anmerkung:

Tabelle 40. **Deckungen**

I. Deckung mit Normalschablonen mit überhängenden Spitzen

Überdeckung	Lattenteilung von Ober- zu Oberkante in cm mit Steinen		Anzahl der Steine per m²	
cm	30 × 30	40 × 40	30 × 30	40 × 40
7	15,50	22,60	18,90	9.18
8	14,80	22,00	20,70	9,76
9	14,10	21,20	22,65	10,40
10	13,40	20,50	25,00	11,11

II. Deutsche Deckung mit Quadrat- oder Rechtecksteinen

Überdeckung	Lattenteilung von Ober- zu Oberkante in cm mit Steinen		Anzahl der Steine per m²	
cm	30 × 30	40 × 40	30 × 30	40 × 40
7	23	33	18,90	9,18
8	22	32	20,70	9,76
9	21	31	22,65	10,40
10	20	30	25,00	11,11

III. Doppeldeckung mit Rechtecksteinen

Überdeckung	Lattenteilung von Ober- zu Oberkante in cm mit Steinen		Anzahl der Steine per m²	
cm	30 × 60	25 × 50	30 × 60	25 × 50
7	26,5	21,5	12,58	18,60
8	26,0	21,0	12,82	19,00
9	25,5	20,5	13,24	19,23
10	25,0	20,0	13,33	20,00

IV. Deckung mit rhombusförmigen Steinen horizontal verlegt (altdeutsch)

Überdeckung	Lattenteilung von Ober- zu Oberkante in cm mit Steinen		Anzahl der Steine per m²	
cm	30 × 33	40 × 44	30 × 33	40 × 44
7	23	33	17,01	8,26
8	22	32	18,58	8,79
9	21	31	20,41	9,36
10	20	30	22,50	10,00

V. Deckung der Rhombusschablonen nach französischer Art

Überdeckung	Lattenteilung von Ober- zu Oberkante in cm mit Steinen		Anzahl der Steine per m²	
cm	30 × 33	40 × 44	30 × 33	40 × 44
7	12,82	18,72	17,06	8,28
8	12,23	18,13	18,66	8,80
9	11,64	17,54	20,49	9,38
10	11,05	16,95	22,59	10,02

VI. Doppeldeckung mit Quadrat- oder Rechtecksteinen

Überdeckung	Lattenteilung von Ober- zu Oberkante in cm mit Steinen		Anzahl der Steine per m²	
cm	30 × 15	40 × 20	30 × 15	40 × 20
5	12,50	17,50	53,32	28,58
6	12,00	17,00	55,54	29,40
7	11,50	16,50	57,96	30,34
8	11,00	16,00	60,60	31,25
cm	20 × 36		20 × 36	
7	14,50		34,48	
8	14,00		35,70	
9	13,50		37,03	
10	13,00		38,46	

VII. Deckung mit Rechtecksteinen auf diagonaler Lattung (einfach)

Überdeckung	Lattenteilung von Ober- zu Oberkante in cm mit Steinen		Anzahl der Steine per m²		Überdeckung	Lattenteilung von Ober- zu Oberkante in cm mit Steinen	Anzahl der Steine per m²
cm	20 × 36	25 × 50	20 × 36	25 × 50	cm	30 × 60	30 × 60
7	29	43	26,52	12,70	7	53	8,00
8	28	42	29,76	14,00	8	52	8,74
9	27	41	33,67	15,72	9	51	9,33
10	26	40	38,46	16,70	10	50	10,00

Bei diesen drei einfachen Deckungen ist im Mittel noch eine sogenannte Brustlatte einzusetzen, so daß die Teilung auf die Hälfte der angegebenen Maße sich herabsenkt.

Tabelle 41. Wandverkleidungen

Verkleidung mit rhombusförmigen Schablonen-Schiefern

Überdeckung	Lattenteilung von Ober- zu Oberkante in cm mit Steinen			Anzahl der Steine per m²		
cm	20 × 22	30 × 33	40 × 44	20 × 22	30 × 33	40 × 44
3	17			31,01		
4	16	26	36	35,01	13,26	6,93
5	15	25	35	39,80	14,34	7,32
6	14	24	34	45,64	15,55	7,76
7		23	33		17,01	8,26

Wandverkleidungen mit Wabenschablonen

Überdeckung	Lattenteilung von Ober- zu Oberkante in cm mit Steinen			Anzahl der Steine per m²		
cm	gest.	30 × 30	40 × 40	gest.	30 × 30	40 × 40
3	2/1	17,00			13,70	7,30
4	3/1	15,60	23,30	3/1	14,80	7,70
5	4/1	14,30	22,30	3/2	16,00	8,10
6	5/1	13,00	21,50	4/2	17,40	8,65

Verkleidungen mit Schuppenschiefern

Als Unterlage kommt bei diesen Schiefergattungen nur eine kompakte Bretterverschalung in Betracht. wobei man sich die einzelnen Gebinde mittels Aufschnürung bezeichnet.

Der Schieferverbrauch ist bei den Größen von 40 × 10 und 40 × 30 cm minimal 60 Stück, von der Größe 40 × 20 cm zirka 30 Stück.

Tabelle 42. Preise und Dimensionen der Kunstschiefer (Eternit, naturgrau)
ab Lager Wien IX

Gegenstand in cm	100 Stück kosten S
Schablonen	
15 × 15	7,50
20 × 20	10,80
30 × 30	21,70
40 × 40	37,—
Saumsteine	
20 × 10	5,40
30 × 15	11,60
40 × 20	19,70
Ansetzer	
30 × 30	19,40
40 × 40	27,80
Rhombusschiefer	
16,5 × 15	7,10
25,5 × 20	11,90
33,4 × 30	23,80
44,5 × 40	40,80
First und Saumsteine	
16,7 × 7,5	3,80
22,5 × 10	6,20
33,4 × 15	13,—
44,5 × 20	21,80
Ansetzer	
16,7 × 15	7,50
22,5 × 20	12,40
33,4 × 30	34,30
44,5 × 40	41,50
Hohlkappen	
30 × 10	32,40
40 × 12	37,—
40 × 18	43,50
Schuppen für Zierdächer	
40 × 10	12,80
40 × 13	16,70
40 × 20	23,50
Rechtecke und Quadrate	
20 × 36	20,80
25 × 50	36,—
30 × 60	51,80
33 × 33	31,30
46 × 46	60,80

Dunkelgraue Schiefer sind um 10% teurer

Rotes Material um 15% der vorstehenden Preise

Eternitstiften per 1 Paket in S		
30 mm	1 Paket	3,30
35 „	„	3,50
40 „	„	3,80
45 „	„	4,20

Sturmklammern (Kupfer) S 2,10

Firstklammern (verz.)

Große .... St. S 2,92

Kleine .... „ „ 3,80

Eternitrohre mit Muffen, 1200 mm

Länge (mm)	Durchmesser (mm)	Stärke des Rohres (mm)	Preis in S
1125	50	5	2,15
1105	75	6	2,65
1085	100	6	3,—
1065	125	7	3,60
1050	150	8	5,40
1040	175	10	—,—
1040	200	10	7,20
1030	250	12	10,20
1025	300	14	18,—
Stücklänge	einschließlich	Muffe	2500 mm
2385	100	6	6,—
2365	125	7	7,20
2350	150	8	10,80
2340	200	10	14,40
2330	250	12	20,40
2325	300	14	36,—
Stücklänge	einschließlich	Muffe	3700 mm
3685	100	6	8,90
3665	125	7	10,60
3650	150	8	16,20
3640	200	10	21,90
3630	250	12	28,40
3625	300	14	52,20

Sämtliche Preise für nicht imprägnierte Rohre ab Fabrik, plus 2,46% Wust

Für Innenanstrich werden 10%, für beiderseitigen Anstrich (innen und außen) 20% Aufschlag auf obige Preise berechnet

Kamin- oder Dunstaufsätze

1350	100	6	6,—
1550	150	8	12,—
1650	200	10	21,60

Tabelle 43. **Regiepreistabelle**

Post	Gegenstand	Selbstkosten	
		brutto	netto
1	1' Geselle per Tag		
	1 „ „ Stunde		
	1 Handlanger männlich per Tag		
	1 „ „ „ Stunde		
	1 „ weiblich per Tag		
	1 „ „ „ Stunde		
	1 Steiger oder Lehrling per Tag		
	1 „ „ „ „ Stunde		
2	1 Schaff gewöhnlicher Mörtel		
	1 „ Haarmörtel		
	1 „ verl. Portlandmörtel.................		
3	1 „ Kalk		
4	1 „ Portlandzement		
	1 kg Portlandzement		
5	1 Schaff Romanzement		
	1 kg „		
6	1 Schaff feiner Sand		
	1 „ rescher Sand		
	1 m³ Sand für Holzzementd.		
7	Ziegel: Siehe Selbstkostentabellen		
	Aufschlag für Privatkunden ....%		
	„ „ Baumeister ....%		
8	1000 Stück Mauerziegel		
9	Schiefer: Siehe Selbstkostentabellen		
	Aufschlag für Privatkunden ....%		
	„ „ Baumeister ....%		
10	1000 Stück Ziegelhafter		
	1000 „ Schieferhafter		
11	1000 „ verz. Eisennägel		
	1000 „ unverz. Eisennägel		
	1000 „ Kupfernägel		
	1000 „ Dachpappestiften		
	1 Paket „		
	1000 Stück Lattennägel.....................		
	1 Paket „		
	1 Kreuznagel samt Splinte		
12	1 Stück Haussenfeder.......................		
13	1000 Stück Sturmklammern (Hatschek)		
	1000 „ Sturmklammern (ander. Ursprungs)		
14	1 kg Kupferdraht .... Stärke		
	1 m „ .... „		
	1 kg verz. Eisendraht .... „		
	1 m „ „ .... „		

Post	Gegenstand	Selbstkosten brutto		Selbstkosten netto	
15	1 m Firstblech verzinkt				
	1 m „ schwarz gestrichen				
16	Dachpappe:				
	1 Rolle........................... Dachpappe				
	1 m² .... „				
	1 Rolle......................... „				
	1 m² .... „				
	1 Rolle Unterlagspappe Nr................				
	1 m² „ „				
	1 Rolle „ „				
	1 m² „ „				
	1/3 Rolle „ „				
	1 m² in 1/3 Rollenstreifen Unterlagspappe Nr...				
17	1 Stück Ziegellatte .....lang..................				
	1 m „				
	1 Stück Schindellatte.....lang...............				
	1 m „				
	1 Laden .....lang,.....breit,.....stark.........				
	1 m Laden.....................................				
	1 Laden .....lang,.....breit,.....stark.........				
	1 m Laden.....................................				
	1 m Deckleisten △............................				
	1 Sack Brennholz				
18	1 kg Holzzement				
	1 m² „ 1 mal gestrichen				
	1 m² „ 4 „ „				
19	1 kg Holzzementpapier				
	1 m² „ 1 mal gelegt				
	1 m² „ 3 „ „				
20	1 kg Teer				
	1 m² Teer 1 mal gestrichen				
21	1 kg Engelrot				
	1 „ Minium				
	1 „ Ölfarbe				
	1 „ Eisenlack				
	1 „ Dranguß.................................				
22	1 „ Ziegelimprägnierungsmasse				
	1 „ Dichtungsklebemasse....................				
23	1 „ Kälberhaare				
24	1 Stück Mauerhaken				
	1 „ Rohrhaken verzinkt...................				
	1 „ Leiterhaken „				
25	1 Glasziegel .....groß.........................				
	1 Glasbiberschwanzziegel .....groß............				
	1 Glasstrangfalzziegel				
	1 Glasdoppelfalzziegel				

Post	Gegenstand	Selbstkosten brutto	Selbstkosten netto
26	1 Schnürlglastafel.....cm groß		
	1 „ ..... „ „		
	1 „ ..... „ „		
	1 Drahtglastafel ...... „ „		
	1 „ ...... „ „		
	1 „ ...... „ „		
27	1 Pinsel		
	1 Besen		
28	Kaminaufsätze: per Stück		
	aus Ton.....cm hoch, ...cm Durchmesser...		
	„ Ton.....cm „ .....cm „ ...		
	„ Ton.....cm „ .....cm „ ...		
	„ verz. Eisenblech...cm hoch, ...cm Durchm..		
	„ „ „ ...cm „ ...cm „		
	„ „ „ ...cm „ ...cm „		
	Drehbarer Aufsatz ...cm hoch, ...cm Durchm..		
	„ „ ...cm „ ...cm „		
	„ „ ...cm „ ...cm „		
	1 m Verlängerungsrohr		
	aus Ton.....cm innere Weite (Durchmesser)...		
	„ Ton.....cm „ „ „ ...		
	„ Ton.....cm „ „ „ ...		
	„ verz. Eisenblech ....cm innere Weite (Durchmesser)		
	„ verz. Eisenblech ....cm innere Weite (Durchmesser)		
	„ verz. Eisenblech ....cm innere Weite (Durchmesser)		
29	1 Wasserbottich gefüllt und entleert		
	1 Wasserbottich verrohrt (gerichtet)		
30	1 Fuhre Schutt (ca. $1^1/_2$ m^3)..................		
	1 Fuhre Material (für 1 Tag)		
	1 „ „ (für $^1/_2$ „)		

Tabelle 44. **Normalarbeitsleistungen**
in Neueindeckungen sowie Akkordlohntabelle
bei Annahme einer normalen Arbeitszeit von 8 Stunden im Tage

Art der Neueindeckung	Gehilfe	Steiger	Handlanger	Stellen per Tag fertig m²	Selbstkosten per m²	Akkord per m²
Ziegeleindeckung:						
1. Einfach:						
Spließdach mit Pappespließe	1	1	—	18—20		
„ „ Holzspließe	1	1	—	20—22		
„ bei Türmen	2	2	—	10—20		
2. Doppelt:						
Gew. Dachziegel hängen	1	1	1	100—120		
„ „ jeden Ziegel 1 mal nageln	1	1	1	25—30		
„ „ „ „ 2 „ „	1	1	1	18—24		
„ „ in Mörtel gelegt	1	1	1	15—18		
„ „ (Türme) 2 mal genagelt	2	2	1	10—24		
Biber (ca. 20/25) gehängt	1	1	1	100		
„ jeder Ziegel 1 mal genagelt	1	1	1	25		
„ „ „ 2 „ „	1	1	1	18		
„ (ca. 16/37) gehängt	1	1	1	90		
„ jeder Ziegel 1 mal genagelt	1	1	1	20		
„ „ „ 2 „ „	1	1	1	16		
„ (ca. 12/26) auf Schalung, 2 mal nageln	1	1	—	6		
„ (ca. 11/18) „ „ 2 „ „	1	1	—	4		
„ (ca. 75/15) „ „ 2 „ „	1	1	1	2		
Kronendach gew. Fläche	1	1	1	25		
„ Türme	2	2	1	10		
Strang- und Doppelfalzziegel, jeder dritte Ziegel gehaftelt, Säume genagelt	1	1	1	30		
Doppelfalzziegel mit Patent „Haussen“	1	1	1	20		
Ixenausdeckung (ca. 20/45) pro m	1	1	—	4		
„ (ca. 16/37) „ m	1	1	—	3—4		
„ (ca. 12/26) „ m	1	1	—	1,5—2		
Firste und Grate eindecken	1	1	—	30—40		
1 mittleres Dachfenster unter 2 m²	1/2	1/2	—	—		
1 großes „ über 2 m²	1	1	—	—		
Innerer Fugenverstrich	1	1	—	50		
Gewöhnliches altes Ziegeldach abtragen	1	1	1	70—80		
Ziegelleisten anziehen pro m	1	1	—	40—60		
Mönch- und Nonnendeckung	1	1	—	16—20		
Pfannendeckung	1	1	—	16—20		
Schiefereindeckung:						
Einfach diagonal, Rechteck	1	1	—	20—25		
„ Schablonen	1	1	—	15—20		
Doppelt	1	1	—	15—20		

Art der Neueindeckung	Gehilfe	Steiger	Handlanger	Stellen per Tag fertig m^2	Selbstkosten per m^2	Akkord per m^2
Wand- und Mansardedeckung mit Dessin	$1^1/_2$	$1^1/_2$	—	10—14		
„ „ „ ohne Dessin	1	1	—	10—14		
Türme und geschweifte bzw. runde Flächen:						
Einfach Diagonal	1	1	—	5—8		
„ Schablonen	1	1	—	5—8		
doppelt	1	1	—	3—5		
Kunstschiefer,						
Schablonen 40 × 40 cm o. Verstr.	1	1	—	40—50		
„ 30 × 30 cm „ „	1	1	—	18—22		
Verstreichen derselben von innen	1	1	—	60—80		
Ixenausdeckung	2	1	— m	10—12		
1 Leiterhaken eindecken	½	½	—	—		
1 Schneefangstütze eindecken	½	½	—	—		
Schutt räumen bei Schieferdach auf ca. 70 m^2 angenommen 2 m^3	1	1	1	6 m^3		
1 normales Dachfenster in Ziegel o. Schiefer	1	1	—	5—6		
1 Gerüstriegellocher	1	1	—	10—14		
Dachpappeneindeckungen:						
Einfach	1	1	—	60—80		
Doppelt	1	1	—	25—35		
Auf Dreikantleisten	1	1	—	30—40		
Zur Unterlage für Deckungen	1	1	—	160-200		
Spezial-Dachpappe Ruberoid, Anduro oder dergleichen:						
Schlicht gedeckt	1	1	—	35—40		
„ „ die Nähte geklebt und mit Plaks genagelt	1	1	—	22—25		
Fertige Dachpappendeckungen teeren	1	1	1	180—250		
Teeren einer Feuermauer bei gutem Putz	1	1	1	100—120		
Holzzementdeckung, mit 2 Lagen und Beschüttung	1	1	1	15—18		
Mit 3 Lagen und Beschüttung	1	1	1	10—12		
Preßkies	1	1	1	20—25		

Anmerkung:

Der Akkordlohn betrage nie mehr als höchstens 75% der Selbstkosten der Arbeit per m^2.

Die Selbstkosten per m^2 werden aus obiger Tabelle derart ermittelt, daß die Summe der Taglöhne der betreffenden Arbeiter durch die Normalleistung per Tag dividiert wird, z. B. Gewöhnliche Dachziegel hängen, im Mittel 110 m^2, 3 Personen: à 8 Stunden,

1 Gehilfe	(Selbstkosten inkl. soziale Lasten)	S 16,96
1 Steiger	„ „ „ „	„ 11,44
1 Handlanger (weibl.)	„ „ „ „	„ 8,32
		S 36,72

S 36,72 : 110 m^2 = S 0,34 per m^2.

(Selbstkostenpreise)

Preisverzeichnis

für das Dachdeckergewerbe unter Zugrundelegung der Löhne und Marktpreise

ab 11. Juli 1927

A. Löhne

Arbeitszeit: Montag bis Freitag von 7 bis 12 Uhr (½ Stunde Frühstückspause) und von 1 bis 5 Uhr; Samstag von 7 bis 1 Uhr (½ Stunde Frühstückspause).

Stundenlöhne ab 17. Juni 1927:

Gesellen bzw. Gehilfen

a) in den ersten zwei Gehilfenjahren .... S 1,57
b) welche bereits das zweite Gehilfenjahr zurückgelegt oder die Gesellenprüfung mit Erfolg abgelegt haben .... S 1,61
c) alle übrigen Gesellen oder Gehilfen .... S 1,63

Männliche Hilfsarbeiter

a) unter 16 Jahren .... S 0,56
b) über 16 Jahre bis zum vollendeten 18. Jahre .... S 0,72
c) „ 18 „ „ „ „ 22. „ .... S 0,82
d) „ 22 „ .... S 1,01

Bei qualifizierten Arbeiten am Dache verwendbare männliche Hilfsarbeiter erhalten um 5% höhere Stundenlöhne, und zwar:
b) S 0,04 c) S 0,04 d) S 0,05

e) welche zu selbständigen Gehilfenarbeiten verwendet werden, erhalten für diese Verwendungszeit den Gehilfenlohn a) ...... S 1,57

Weibliche Hilfsarbeiter .... S 0,78

Dazu an sozialen Lasten ca. 80%!

B. Material

1. Ziegel siehe S. 21, 23, 25, 26 bis 28.
2. Schiefer (Natur) siehe S. 30, 32, 34, 36, 38, 39 bis 44.
3. Schiefer (Kunst) siehe S. 45 und 49.
4. Sand, grob, per 2 m² .... S 40,— bis 48,—
   „ fein, „ 2 m² .... S 32,— bis 40,—
   Ein Zugschaff Mörtel zu 20 l .... S 0,80
5. Kalk. Weißkalk per 100 kg .... S 5,50 bis 6,—
   Ein Zugschaff Weißkalk .... S 1,10
6. Roman-Zement (Hydrauer) per 100 kg .... S 5,85
7. Portland per 100 kg .... S 8,05
8. Engelrot per 100 kg .... S 32,— bis 40,—
9. Teerprodukte:
   a) Dachpappe Nr. 80 .... S 9,50
   „ Nr. 90 .... S 8,60
   „ Nr. 100 .... S 8,10
   „ Nr. 120 .... S 6,80
   „ Nr. 150 .... S 5,60
   „ Nr. 200 .... S 5,40

Kapp-Streifen 15% Zuschlag.
Dreikantleisten pro 1 m .... S 0,15 bis 0,25
Fugleisten pro 1 m .... S 0,12 bis 0,16

b) Spezialpappe (Anduro, Ruberoid usw.):
Nr. 00 .... S 15,—
Nr. I .... S 14,—
Nr. II .... S 13,—
Nr. III .... S 12,—

c) Dachlack pro Faß .... S 19,80
d) Karbolineum pro Faß.................... S 26,—
e) Holzzement pro Faß .... S 19,80

8. Kaminaufsätze aus Blech:
Fabrikate der Firmen J. A. John A. G., sowie „Turban“-Schornsteinaufsätze.

Preise der gangbarsten Typen:

Durchm. in mm	Rohr $^1/_2$ m S	Rohr 1 m S	Jeder weitere 1 m Rohr S
140	18—19	22—25	9—13
160	22—23	27—30	13—17
180	26—27	32—36	15—19
200	29—31	37—41	17—21
220	33—35	42—46	18—24
240	37—38	48—50	19—26
260	44—46	58—62	29—33
280	47—50	62—67	32—36
300	51—54	68—73	33—38

Die Preise verstehen sich für die Fabrikate „John“ und „Bertrams“ je nach Ausführung und Qualität.

Preise der „Turban“-Schornstein- und Ventilationsaufsätze:

Durchm. in cm	Normale Länge		Verlängerungsrohr per $^1/_2$m	
	rund S	viereckig S	rund S	viereckig S
14	22	24	6,40	7,20
16	24	30	7,60	8,—
18	28	35	8,—	9,—
20	32	40	9,—	14,20
24	40	50	14,20	16,—
30	56	56	16,—	20,—

9. Schornsteinaufsätze aus Ton:

Höhe zirka 1 Lfm. Lichter Rohrdurchmesser:

100	125	150	175	200	225	250	300	mm
16,—	18,—	20,—	24,—	28,—	33,—	40,—	50,—	Schilling

(Fabrikat der Tonwarenabteilung der Niederösterreichischen Eskompte-Gesellschaft.)

17. Schiefernägel:

	$^5/_4''$	$^6/_4''$	$^7/_4''$	$^8/_4''$
per 1 kg unverzinkt:	S 1,—	0,95	0,90	0,88
per 1 kg verzinkt	S 1,60	1,60	1,60	1,60

18. Dachpappestifte:

großköpfig	25/25	25/30
per 1 kg S	0,85	0,80

19. Drahtstifte 1 kg 22/45.................... S 0,45
1 kg Haftendraht verzinkt und geschnitten, 12 cm lang..... S 1,20
1 kg Ziegeldraht, verzinkt und geschnitten, 28 cm lang........ S 1,40

Die Berechnung der Dachflächen

Nach dem reinen Ausmaße

1. **Das Quadrat** (gleichseitiges Viereck = Länge mal Breite (Abb. 28).
2. **Das Rechteck** = Länge mal Breite (Abb. 29).
3. **Rhombus** (verschobenes Quadrat) und **Rhomboid** (verschobenes Rechteck, siehe Abb. 30 und 31) = Grundlänge mal Höhe (nicht seitliches Maß der Figur).

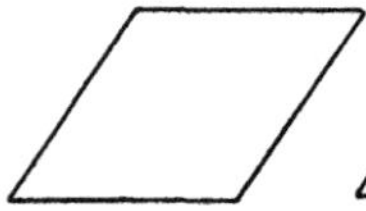
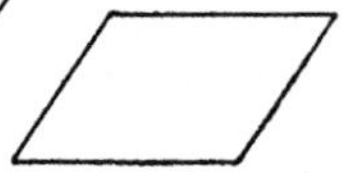

Abb. 28. Das Quadrat Abb. 29. Das Rechteck Abb. 30. Rhombus Abb. 31. Rhomboid

4. **Das Trapez** (Abb. 32) = $\frac{\text{obere Länge} + \text{untere Länge}}{2}$ mal Höhe.

5. **Das Trapezoid** (Abb. 33) = man zerlege dasselbe durch eine Diagonale in zwei Dreiecke und berechne diese.

Abb. 32. Das Trapez

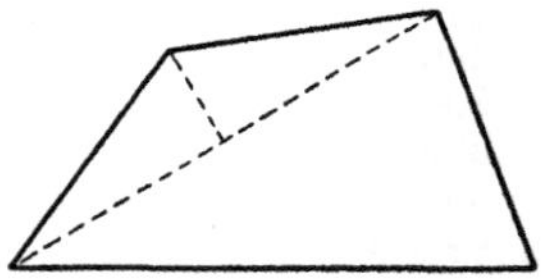

Abb. 33. Das Trapezoid

6. **Das Dreieck** (Abb. 34) = Grundbreite mal halber Höhe.

7. **Das Vieleck** (Abb. 35) wird in Dreiecke oder Vierecke zerlegt und diese berechnet.

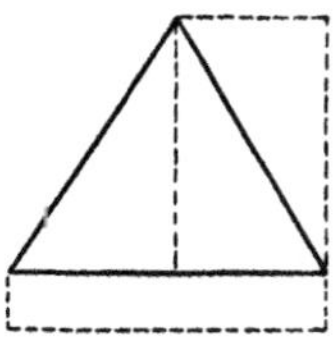

Abb. 34. Das Dreieck

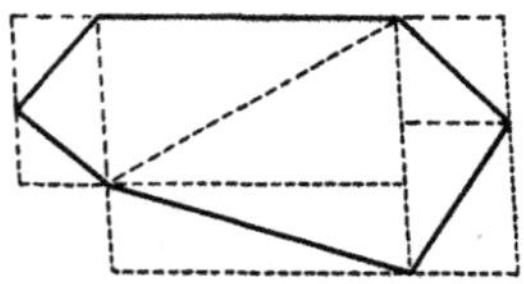

Abb. 35. Das Vieleck

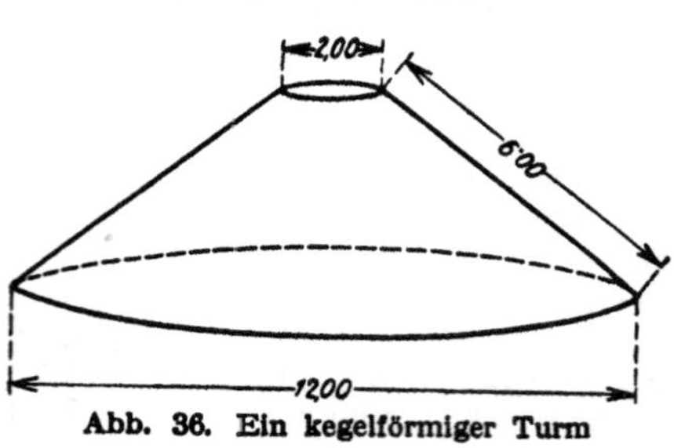

Abb. 36. Ein kegelförmiger Turm

8. **Ein kegelförmiger Turm** (Abb. 36) wird derart berechnet, indem man das Mittel zwischen dem oberen und dem unteren Umfange mit der Seitenlänge multipliziert, z. B.

$$\frac{2,00 + 12,00}{2} \times 6,00 = m^2\ 42,00.$$

9. Die Kuppel (Abb. 37) wird derart berechnet, indem man selbe in möglichst viele Streifen zerlegt und deren Flächeninhalt addiert. Z. B.:

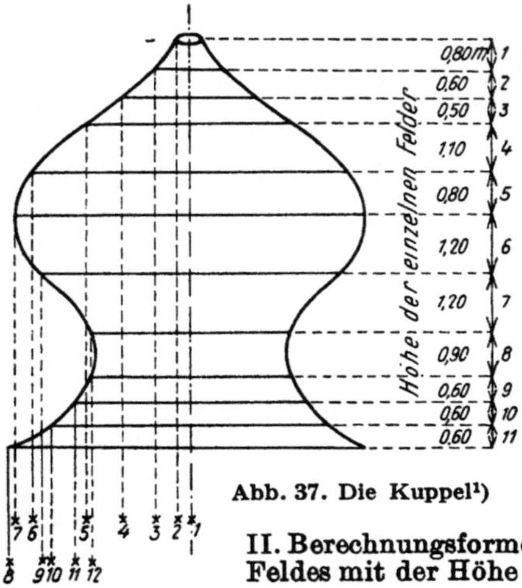

Abb. 37. Die Kuppel[1])

I. Umfang der einzelnen Kreise:

1.	1,20
2.	3,60
3.	5,90
4.	7,85
5.	9,60
6.	10,80
7.	10,80
8.	8,20
9.	8,20
10.	9,40
11.	10,80
12.	12,20

II. Berechnungsformeln — beide Kreislängen (Umfang) des Feldes mit der Höhe der einzelnen abgewickelten Streifen.

$$1.\quad \frac{1,20 + 3,60}{2} \times 0,80 = \text{m}^2\ 1,92$$

$$2.\quad \frac{3,60 + 5,90}{2} \times 0,60 = \text{m}^2\ 2,85$$

$$3.\quad \frac{5,90 + 7,85}{2} \times 0,50 = \text{m}^2\ 3,43$$

$$4.\quad \frac{7,85 + 9,60}{2} \times 1,10 = \text{m}^2\ 9,59$$

$$5.\quad \frac{9,60 + 10,80}{2} \times 0,80 = \text{m}^2\ 8,16$$

$$6.\quad \frac{10,80 + 10,80}{2} \times 1,20 = \text{m}^2\ 12,96$$

$$7.\quad \frac{10,80 + 8,20}{2} \times 1,20 = \text{m}^2\ 11,40$$

$$8.\quad \frac{8,20 + 8,20}{2} \times 0,90 = \text{m}^2\ 7,38$$

$$9.\quad \frac{8,20 + 9,40}{2} \times 0,60 = \text{m}^2\ 5,28$$

$$10.\quad \frac{9,40 + 10,80}{2} \times 0,60 = \text{m}^2\ 6,06$$

$$11.\quad \frac{10,80 + 12,20}{2} \times 0,60 = \text{m}^2\ 6,90$$

Die Kuppel hat also insgesamt m^2 75,93

[1]) Die in der Zeichnung angeführten Höhenmaße (0,80 m, 0,60 m, 0,50 m usw.) sind längs des Mantels gemessen.

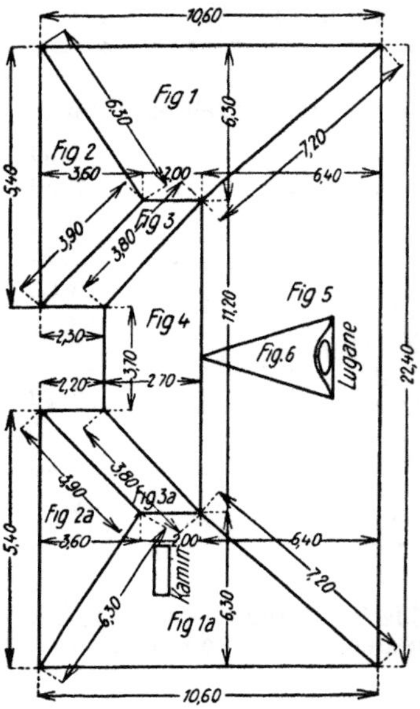

Abb. 38. Dachflächenskizze einer Villa

Die Berechnung der Dachfläche einer Villa

Die Berechnung der Dachfläche einer Villa laut nebenstehender Skizze, Abb. 38, nach reinem Ausmaß, erfolgt derart, daß man die einzelnen geometrischen Figuren des Daches auf der Berechnungsskizze fortlaufend numeriert, wobei gleich große bzw. in Ausmaß und Form vollkommen übereinstimmende Flächen die gleiche Nummernbezeichnung erhalten können und mit dem Beifügen der Buchstaben a, b, c, d usw. gekennzeichnet werden. In unserer Dachskizze sind dies die Flächen Fig. 1, 2 und 3, welche doppelt vorkommen.

Sodann werden die einzelnen Figuren berechnet.

Der Übersichtlichkeit halber sind im vorliegenden Beispiel alle Figuren separat skizziert und berechnet worden, was aber in der Praxis nicht nötig ist.

Fig. 1 · 1a

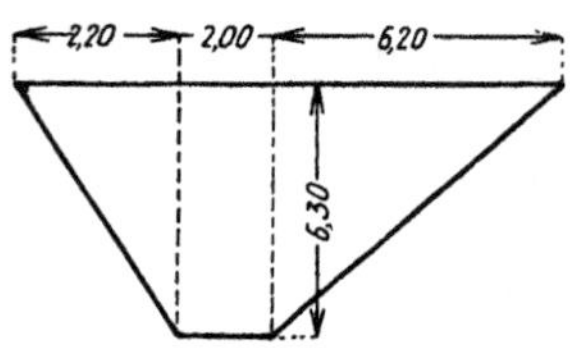

Fig. 1 und 1a, zerlegt in drei Teile

$$1 = \frac{2{,}20 \times 6{,}30}{2} \times 2 = \qquad m^2\ 13{,}86$$

$$2 = 2{,}00 \times 6{,}30 \times 2 = \qquad „\ 25{,}20$$

$$3 = \frac{6{,}20 \times 6{,}30}{2} \times 2 = \qquad „\ 39{,}06$$

Fig. 2 · 2a

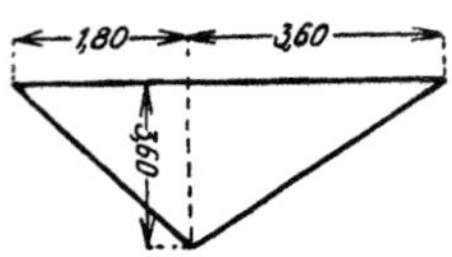

Fig. 2 und 2a, zerlegt in zwei Teile

$$1 = \frac{3{,}60 \times 3{,}60}{2} \times 2 = \qquad m^2\ 12{,}96$$

$$2 = \frac{3{,}60 \times 1{,}80}{2} \times 2 = \qquad „\ 6{,}48$$

Fig. 3 · 3a

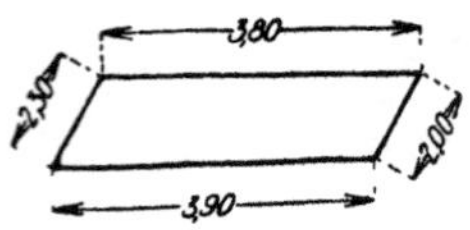

Fig. 3 und 3a

$$\frac{2{,}30 + 2{,}00}{2} \times \frac{3{,}90 + 3{,}80}{2} \times 2 = m^2\ 33{,}11$$

Transport m² 130,67

Transport m² 130,67

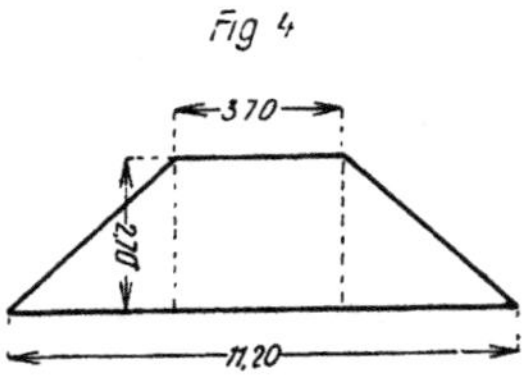

Fig. 4

$$\frac{11,20 + 3,70}{2} \times 2,70 = \qquad m^2 \; 20,11$$

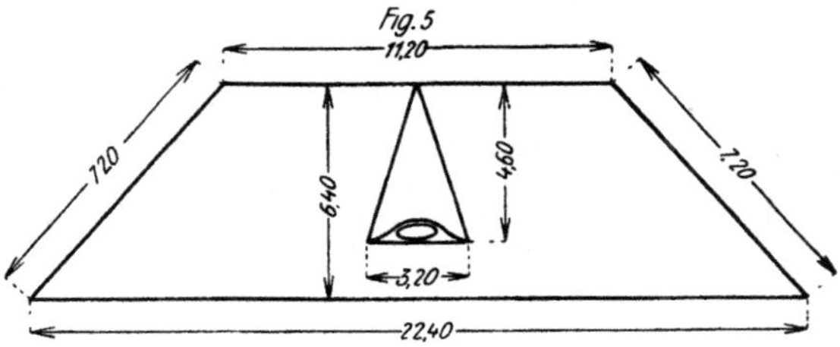

Fig. 5

$$\frac{22,40 + 11,20}{2} \times 6,40 = \qquad m^2 \; 107,52$$

Ausmaß des Villendaches nach vorstehender Berechnung ..... m² 258,30

(hievon Abzug des Dreieckes für die Lugane) per $\frac{3,20}{2} \times 4,60 = m^2 \; 7,36$

verbleiben reines Ausmaß für das Villendach................ m² 250,94

Mit Zuschlägen

Nach den Normen des Wiener städtischen Preistarifes kommen zu dem vorstehend ermittelten reinen Ausmaß folgende Zuschläge:

Für je 1 m Doppelfirst, Grat oder Ixe 1 m².

Für je 1 m Fuß oder Ortsaum, Halbfirst, Halbgrat oder Halbixe ½ m².

Bei mit Ziegeln oder Schiefer gedeckten Dachfenstern, bis zu 80 cm Breite, darf für die Herstellung der Eindeckung nichts in Rechnung gestellt werden, dagegen wird für jedes derartiges Dachfenster ein Zuschlag von 4 m² vergütet.

Öffnungen bis je 4 m² kommen nicht in Abzug, dagegen darf auch keine Umsäumung gerechnet werden.

Blechixen sind Öffnungen.

Runde, kuppelförmige, geschweifte Dachflächen werden mit dem 1½ fachen ihrer tatsächlichen (ohne Zuschläge) ermittelten Fläche berechnet.

Die Lattungseinteilung

für den Zimmermann

Da vom Dachdeckermeister bei den meisten Bauten die Lattungen nicht selbst hergestellt, sondern nach seinen Angaben vom Zimmermann gemacht werden, so führen wir nachfolgend einige Beispiele für derartige Vorschreibungen an den Zimmermann an.

1. Gewöhnliches Ziegeldach (doppelt), First und Grat mit gewöhnlichen Hohlziegeln gedeckt

Bei Hängerinne

Einlattung für den Bau ....

Diese hat parallel zum First mit einer Lattenweite von .... cm (″ = Zoll) von Ober- zu Oberkante gemessen, zu geschehen. Längs des Fußsaumes ist eine oben etwas abgeschrägte Doppellatte zu befestigen, von deren Unterkante .... cm entfernt die nächste Latte mit ihrer Oberkante anzubringen ist. Die Einteilung erfolgt somit vom Fußsaume aufwärts und ist die letzte Latte knapp der Firstlinie entlang, ohne Rücksicht auf die vorhergehende Latte zu befestigen.

........, am ...... 191..

....

Unterschrift.

Bei Saumrinne

Diese hat parallel zum First mit einer Lattenweite von .... cm (″ = Zoll) zu geschehen, und zwar von Ober- zu Oberkante gemessen. Der Lattenabstich erfolgt vom Firste abwärts. Die erste Latte ist knapp der Firstlinie entlang zu befestigen.

2. Gewöhnliches Ziegeldach (doppelt), First und Grat mit Nasenhohlziegeln gedeckt

Für Hänge- sowie Saumrinne dieselbe Lattungseinteilung wie vor, jedoch ist bei beiden noch anzusetzen:

„Auf der Kante der Doppelfirste und -grate ist ein 4″ hohes und 2″ breites, oben etwas abgerundetes Polsterholz anzubringen.“

„Die erste bzw. die letzte Latte ist daher knapp an dieses Polsterholz zu befestigen.“

3. Strangfalz- oder Doppelfalzziegeldeckung

Bei Hängerinne

Genau wie 1, jedoch inkl. Zusatz 2, 1. Absatz und:

„Die letzte Latte ist .... cm (zirka 3 bis 4 cm) vom Polsterholz entfernt, ohne Rücksicht auf die vorhergehende Latte zu befestigen.“

Bei Saumrinne

Genau wie 2, inkl. jedoch inkl. Zusatz 2, 1. Absatz und:

„Die erste Latte ist .... cm (zirka 3 bis 4 cm) vom Polsterholz entfernt zu befestigen.“

4. Diagonale Schieferdeckung

Die Lattung geschieht nach der Wetterrichtung entweder von links nach rechts oder umgekehrt mit einer Steigung von zirka 25 bis 30°, diagonal zum First von unten nach oben, wobei die Entfernung der zweiten

Latte von der Unterkante der ersten, alle übrigen von Ober- zu Oberkante gemessen werden.

5. Wagrechte Schieferdeckung

Die Lattung geschieht parallel zum Firste mit einer Lattenweite von .... cm von Ober- zu Oberkante gemessen. Der Lattenabstich erfolgt vom Fußsaum aufwärts, wobei die erste Latte knapp entlang derselben, die nächste Latte von der Unterkante der ersten bis zu ihrer Oberkante mit obiger Lattenweite, alle übrigen von Ober- zu Oberkante gemessen, zu befestigen sind.

6. Wandverkleidungen (Feuermauern, Fassaden usw.)

Die Einlattung von Mauerflächen, Fassaden erfolgt vom Gesimsplattel abwärts, und zwar hat die erste Latte, nachdem vorerst schon längs des Gesimsplattels ein Laden von zirka 30 cm Breite quer und knapp anschließend befestigt wird, mit ihrer Oberkante in der doppelten Entfernung der Gebindehöhe befestigt zu werden.

Alle weiteren Latten sind von Ober- zu Oberkante gemessen, je nach der Eindeckungsart und der Größe der Schiefer, entsprechend der Gebindehöhe von oben nach unten abzustechen.

Nachdem die Mauerkanten und Fenster einer Fassade in der Regel mit Saumsteinen eingefaßt werden, so sind längs der Mauerkanten und rund um die betreffenden Fenster ebenfalls Laden von der annähernden Breite der Saumsteine anzubringen.

Besonders zu berücksichtigen ist noch, ob die einspringenden (konvexen) Mauerkanten mit Saumscharen gedeckt werden oder nicht, um diese dann ebenfalls mit senkrecht anzubringenden Laden zu belegen oder nicht.

Sollte bei den Fenstern eventuell keine Saumschar als Umsäumung kommen, sondern glatt ausgedeckt werden, so ist eine Latte senkrecht zu beiden Seiten des Fensters zu befestigen, an welche die wagrechten Latten anstoßen.

Die Einlattung von Mauerflächen und Fassaden kann jedoch auch diagonal bei einfacher Deckung mit Quadrat- oder Rechtecksteinen geschehen.

Die Oberfläche der Laden und Latten muß eine Ebene bilden.

Das Pauschalverhältnis

Unter Pauschale (Instandhaltungspauschale) versteht der Dachdeckermeister die Übernahme der Instandhaltung von Eindeckungen gegen einen gewissen jährlich, eventuell halbjährlich oder auch monatlich zu bezahlenden Pauschalbetrag. In der Regel ist derselbe jährlich, und zwar im nachhinein fällig.

Die Höhe des Betrages richtet sich ganz nach der Beschaffenheit, Ausführung, Alter, Qualität des Materiales der Eindeckung, Lage des Gebäudes gegenüber der Witterungseinwirkungen und dem Standorte des Meisters.

Unter Instandhaltung einer Ziegel- oder Schiefereindeckung bezeichnet man im allgemeinen die jährlich einmalige, eventuell zweimalige Übersteigung der Bedachung, wobei schadhafte oder zerbrochene Ziegel, resp. Schiefer ausgewechselt, Rauchfänge und Wetterleisten nachgezogen, abgefallener Verstrich im Dachinnern ergänzt und die Dachrinne gereinigt werden.

Bei Dachpappedächern ist die Instandhaltung derart, daß regendurchlässige Stellen ausgebessert und der Anstrich mit Steinkohlenteer erneuert wird.

Bei Holzzementdächern kann ein Pauschale nie übernommen werden, da erstens das Holzzementdach schon bei der Herstellung so ausgeführt werden muß, daß Reparaturen jahrzehntelang ausgeschlossen sind und zweitens eine Reparatur im Holzzementdach meistens eine derartige Kostenhöhe erreicht, welche eine jährliche Pauschalierung ausschließt.

Um nun das Pauschalverhältnis zwischen dem Hauseigentümer, Pächter, Administrator einerseits und dem Dachdeckermeister andererseits klar und deutlich festzulegen, ist es geboten, einen Pauschalvertrag in Form eines Briefes, sowie gleichlautenden Gegenbriefes auszustellen und beide dem Hauseigentümer mit dem Ersuchen einzusenden, den Gegenbrief mit seiner Unterschrift (des Hauseigentümers) versehen, an den Meister zu retournieren, wogegen der Hauseigentümer sich den Pauschalbrief, welcher vom Meister unterfertigt ist, behält.

Der Pauschalvertrag enthalte auf Grund des vorhergesagten folgende Punkte: 1. Den Namen des Hauseigentümers (Pächter, Administrator). 2. Die genaue Angabe des Objektes. 3. Die Art der Instandhaltung. 4. Den Pauschalpreis (pro Jahr, pro ½ Jahr, pro Monat) in Ziffern und Worten, mit dem Zusatze „zahlbar am ....“, „zahlbar im nachhinein“ usw. 5. Die Ausnahmebestimmung, daß Arbeiten, welche durch außerordentliche Elementarerscheinungen und Unfälle, wie Sturm, Hagel, starker Schneefall, Erdbeben, Brand, Überschwemmungen usw., weiters Arbeiten für andere Professionisten, wie Maurer, Spengler, Telephonarbeiter, Rauchfangkehrer usw., sowie auch Herstellungen und Reparaturen von Rauchfängen nur von dem das Pauschale innehabenden Dachdeckermeister gegen separate Vergütung hergestellt werden dürfen. 6. Den Beginn des Pauschales und die Dauer desselben, bzw. Festsetzung einer bestimmten Kündigungsfrist für beide Teile gleichlautend. 7. Die Unterschrift des Meisters auf dem Pauschal- und jene des Hauseigentümers auf dem Gegenbrief.

Es empfiehlt sich, für jedes Objekt einen separaten Pauschalvertrag auszufertigen, da ja der Eigentümer eines seiner Objekte verkaufen kann. Wenn nun über alle Objekte nur ein Pauschalbrief existiert, hat der neue Besitzer vom Dachdeckermeister nichts mehr in Händen, hat daher auch keine Verpflichtungen dem Meister gegenüber und dem Meister kann auf diese Weise das betreffende Objekt als Kunde möglicherweise verloren gehen.

Da aus dem Punkte 5 des Pauschalvertrages leicht Meinungsverschiedenheiten zwischen Meister und Kunde entstehen können, da z. B. ein Sturm von seiten der Kunde als solcher nicht anerkannt, bzw. der Meister dies, falls er diese Separatarbeit nicht sofort verrechnet, nicht mehr bestimmt zu behaupten imstande ist, so empfiehlt sich, **die folgende Wetterliste** zu führen.

Die Wetterliste

für das Jahr ....

Nachdem es öfter für den Dachdeckermeister speziell bei Instandhaltungsarbeiten von Wichtigkeit ist zu wissen, was für ein Wetter an diesem oder jenem Tage herrschte, empfehlen wir die Anlegung einer Liste nach folgendem Muster.

＼ = Sturm ○ = Regen ʍ = Erdbeben

× = Schnee # = Hagel

Tag	Jän.	Feb.	März	April	Mai	Juni	Juli	Aug.	Sept.	Okt.	Nov.	Dez.

Vormerkblatt

Bauherr oder Eigentümer: ....

Baumeister oder Architekt: ....

Administrator: ....

Objekt: ....

Voranschlag: ....

....

....

....

....

....

....

Ausführung (sowie Konditionen): ....

....

....

....

Kalkulation: ....

....

....

....

....

....

....

....

....

.... **Abgeschlossen, bzw. beauftragt:**

.... **Mündlich, am:** ....

.... **Telephonisch, am:** ....

.... **Schriftlich, am:** ....

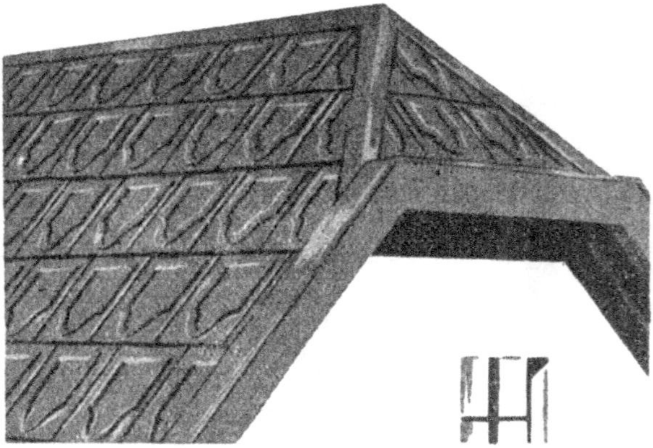

GPSR Compliance

The European Union's (EU) General Product Safety Regulation (GPSR) is a set of rules that requires consumer products to be safe and our obligations to ensure this.

If you have any concerns about our products, you can contact us on ProductSafety@springernature.com

In case Publisher is established outside the EU, the EU authorized representative is:

Springer Nature Customer Service Center GmbH
Europaplatz 3
69115 Heidelberg, Germany

Batch number: 10682439

Printed by Printforce, the Netherlands